Matthias Sutter

Die Entdeckung der Geduld – Ausdauer schlägt Talent.

FSC
www.fsc.org
MIX
Papier aus verantwortungsvollen Quellen
FSC® C020353

2. Auflage

Gesetzt aus der Baskerville, Gill Sans

Medieninhaber, Verleger und Herausgeber:
Red Bull Media House Gmbh
Oberst-Lepperdinger-Straße 11–15
5071 Wals bei Salzburg, Österreich

Lektorat: Joe Rabl
Satz: Frank Behrendt
Umschlaggestaltung: Marc Wnuck
Foto: Qyzz - Fotolia.com
Foto Backcover: Sabine Holaubek

Printed in Slovakia

ISBN 978-3-7110-0054-5

Matthias Sutter

Die Entdeckung der Geduld – Ausdauer schlägt Talent.

ecoWIN

INHALTSVERZEICHNIS

KAPITEL 1

CLARA UND ELKE ODER: WORUM GEHT ES IN DIESEM BUCH?

Gummibärchen und Neujahrsvorsätze

Die sechsjährigen Erstklässler sitzen malend in ihren Schulbänken. Es ist Zeichenstunde. Der Schultag ist fast vorbei. Noch 15 Minuten, dann sind die vier Stunden des heutigen Tages zu Ende. Zu Beginn ihrer Schullaufbahn ist es für manche Kinder noch schwierig, vier Stunden ruhig zu sitzen und konzentriert mitzumachen. Da zieht die Klassenlehrerin plötzlich ganz viele kleine Gummibären-Päckchen aus ihrer Tasche. Sie legt jedem der 20 Kinder ein Päckchen auf seinen Platz, öffnet es und legt daneben noch ein zweites, aber ungeöffnetes. Sie sagt: „Heute wart ihr ganz fleißig. In den letzten 15 Minuten könnt ihr mit euren Zeichnungen weitermachen. Wer möchte, kann jetzt schon das geöffnete Päckchen Gummibären essen. Wer von euch es aber schafft, nichts aus dem geöffneten Päckchen zu nehmen, bis in 15 Minuten die Schulglocke läutet, der kann auch noch das ungeöffnete Päckchen Gummibären mitnehmen. Wer vor Schulschluss aus dem geöffneten Päckchen isst, kann dieses ganz aufessen, bekommt dann aber das ungeöffnete Päckchen nicht."

Clara und Elke sitzen nebeneinander. Sie sind gute Freundinnen, auch wenn ihr Temperament recht unterschiedlich ist. Elke ist sehr temperamentvoll und impulsiv, Clara hingegen überlegt sich ihre Handlungen gründlich, bevor sie Entscheidungen trifft. Beide mögen Gummibärchen sehr gerne. Elke kann sich vor Freude über die Gummibärchen der Lehrerin gar nicht zurückhalten, greift in die geöffnete Packung und beginnt die Süßigkeiten genussvoll zu essen. „Clara", sagt Elke, „die schmecken echt lecker. Probier doch auch!" Clara aber schiebt beide Päckchen zur Seite, verdeckt sie mit ihrer Malschachtel und arbeitet an ihrer Zeichnung weiter. Elkes Gummibärchen riechen herrlich, deshalb konzentriert sie sich nur umso mehr auf die Biene, die sie gerade malt. Endlich, nach 15 Minuten, läutet die Schulglocke und Clara steckt freudestrahlend beide Päckchen Gummibären in ihre Schultasche. „Tschüss und bis morgen! Ich lass mir meine zwei Packungen zu Hause schmecken!“, ruft sie vor dem Schulhaus ihrer Freundin Elke zu, bevor die beiden in unterschiedlichen Richtungen nach Hause gehen.

Clara und Elke haben sich in ihrem Leben nicht aus den Augen verloren. Ihre Freundschaft hat aufgrund unterschiedlicher Lebenswege nicht mehr die Intensität aus der Kindheit, als sie noch sehr viel Zeit miteinander verbracht haben. Doch feiern sie regelmäßig den Silvesterabend und den Beginn des neuen Jahres miteinander. Beide sind sie nun 35 Jahre alt. Heuer hat Elke Clara zu sich eingeladen. Elke hat eine kleine Wohnung. Als Aushilfskraft im Gastgewerbe kann sie sich keine größere leisten. Sie ist überhaupt froh, im Moment eine Arbeitsstelle zu haben, denn in den vergangenen Jahren war sie schon häufig ohne Arbeit. Da konnte sie sich manchmal nicht einmal eine Wohnung wie die gegenwärtige leisten. Die Schule hat sie mit 16 Jahren abgebrochen, um möglichst schnell ihr eigenes Geld zu verdienen. Dann war sie zuerst Verkäuferin, dann Raumpflegerin, bis sie nach vielen Unterbrechungen und Phasen der Arbeitslosigkeit im Gastgewerbe landete, wo sie meist in der Wintersaison und manchmal in der Sommersaison arbeitet. Die häufige berufliche Unsicherheit war und ist sehr belastend für sie. Es sind dann die kleinen Freuden des Lebens, die sie trösten: eine Zigarette, ein Gläschen Wein und besonders gerne leckere Schokolade, auch wenn sie eigentlich immer davon träumt, schlanker zu sein, als sie ist. „Ich habe dir etwas mitgebracht“, sagt Clara, als sie die Wohnung betritt. Sie hat Medizin studiert und mit 30 Jahren die Ausbildung zur Fachärztin für Frauenheilkunde abgeschlossen. Seither arbeitet sie erfolgreich in diesem Beruf an einer Privatklinik. Gummibärchen liebt sie immer noch, ansonsten aber ernährt sie sich sehr ausgewogen, treibt regelmäßig Sport und lebt zufrieden in einer geräumigen Dachgeschosswohnung im Zentrum der Stadt.

„Zeig her! Darf ich die Geschenke sofort aufmachen?", fragt Elke nur wenige Augenblicke, nachdem sie Clara die Jacke abgenommen und zum einladend gedeckten Tisch geführt hat. „Aber natürlich. Wie jedes Jahr", sagt Clara, bedankt sich ihrerseits für die Geschenke, die ihr Elke übergibt, legt sie aber erst zur Seite, um Elke beim Auspacken zuzuschauen. Danach unterhalten sich die beiden angeregt über das zu Ende gehende Jahr und ihre neuesten Erlebnisse. Um Mitternacht stoßen sie auf das neue Jahr an und Elke sagt entschlossen zu Clara: „Hab ich dir schon erzählt: Im neuen Jahr werde ich ab September die vierjährige Abendschule beginnen. Ich weiß, ich hätte einfach in der Schule bleiben sollen bis zur Matura, aber ab Herbst hole ich das endgültig nach und werde vier Jahre abends die Schulbank drücken. Du kennst mich ja. Geduld und Ausdauer sind nicht gerade meine Stärken, aber ich bin sicher, diesmal schaffe ich es. Und dann finde ich bestimmt eine bessere und vor allem dauerhafte Arbeitsstelle." Clara wünscht ihr alles Gute für dieses Vorhaben und vor allem Ausdauer. In Gedanken hofft sie, dass Elke ihr Ziel diesmal erreichen wird, denn sie erinnert sich an viele gute Vorsätze ihrer Freundin an vergangenen Silvesterabenden. Die wenigsten hat sie durchgehalten, trotz bester Absichten. Clara fasst keine besonderen Neujahrsvorsätze. Sie plant ihre Tage sorgfältig, setzt sich kleine Ziele, die sie Schritt für Schritt verwirklicht, und hat in ihren Studien- und Fachausbildungsjahren gelernt, dass ein „langer Atem" ein wichtiger Schlüssel zum Erfolg ist.

Das Thema dieses Buches: Geduld und Ungeduld – Gegenwart versus Zukunft

Die einleitende Geschichte von Clara und Elke ist frei erfunden. Sie illustriert allerdings das Thema dieses Buches. Es geht erstens um die Bedeutung von Geduld beziehungsweise Ungeduld für das Leben eines Menschen. Und es geht zweitens um den scheinbaren Widerspruch, dass viele Menschen in der Gegenwart ungeduldig sind und eher kurzfristig orientierte Entscheidungen treffen, während sie für die Zukunft Pläne schmieden, die große Geduld erfordern und damit nicht mit ihrem gegenwärtigen Handeln übereinstimmen.

Ich habe zwei Momentaufnahmen im Leben von Clara und Elke skizziert, zuerst eine Episode aus der Kindheit, dann eine Begebenheit im Erwachsenenalter. Als Kind kann Clara schon 15 Minuten auf ein zweites Päckchen Gummibären warten. Elke kann das nicht.

Die erste zentrale Frage dieses Buches besteht darin, ob das Ausmaß an Geduld und Selbstkontrolle in der Kindheit mit dem späteren Lebensweg zusammenhängt. Die Antwort auf diese Frage wird ein eindeutiges „Ja!" sein. Es ist geradezu verblüffend, wie sich geduldige Kinder selbst einige Jahrzehnte später als Erwachsene in vielen Aspekten ihres Lebens von ungeduldigen Kindern unterscheiden. Das betrifft etwa den Bildungsgrad, die finanzielle Situation, den gesundheitlichen Zustand oder auch die Wahrscheinlichkeit, Süchten zu verfallen.

Als Erwachsene fasst Elke bedeutsame Zukunftspläne, die Beharrlichkeit und Ausdauer verlangen. Das notwendige Verhalten zur Realisierung dieser Zukunftspläne passt nicht zu ihrem Verhalten, wenn es um das Hier und Jetzt geht. Die Schule hat sie abgebrochen, um schnell eigenes Geld zu verdienen. Die Geschenke zu Silvester reißt sie sofort nach Erhalt auf. Eine solche Kombination von Ungeduld in der Gegenwart, aber „Geduld" in der Zukunft, kann man bei sehr vielen Menschen beobachten, oft auch bei einem selbst. Es ist einfach viel leichter, morgen mit einem Laster wie Rauchen oder übermäßigem Essen aufzuhören, morgen für die Altersvorsorge zu sparen oder ab morgen regelmäßig Sport zu treiben, als all das heute schon zu tun. Wenn der morgige Tag dann gekommen ist, werden die Vorsätze von gestern schnell zur Makulatur und man ist geneigt, die guten Vorsätze wieder auf den nächsten Tag zu verschieben.

Die zweite zentrale Frage des Buches lautet: Woher kommt es, dass Menschen in der Gegenwart ungeduldig, in ihren Plänen für die Zukunft aber geduldig sind, und wie unterscheiden sich solche Menschen von jenen, die bezüglich ihrer Geduld keinen Unterschied zwischen der Gegenwart und Zukunft machen?

Das Abwägen von Gegenwart gegen Zukunft prägt unser Leben von Kindesbeinen an. Interessant, weil konfliktträchtig, wird ein solches Abwägen immer erst dann, wenn es in der Gegenwart zwar etwas zu gewinnen gibt, wenn man aber durch Geduld und Arbeitseinsatz im Heute für die Zukunft mehr erreichen kann. Im umgekehrten Fall wäre das Entscheidungsproblem nämlich geradezu trivial. Wer würde nicht zwei Päckchen Gummibären jetzt gleich nehmen, wenn die Alternative nur ein Päckchen in 15 Minuten wäre?

Im gesamten Buch wird es deshalb immer wieder um die Entscheidung zwischen „weniger heute" und „mehr morgen" gehen. Im jungen Schulalter ist das beispielsweise die Entscheidung zwischen mehr Zeit für das Lernen, für die Schule oder mehr Zeit zum Spielen mit Freunden. Langfristiger Schulerfolg – und damit verbunden späterer beruflicher Erfolg – lässt sich eher durch die Entscheidung fürs Lernen erzielen. „Weniger heute" meint in diesem Fall, zugunsten von mehr Zeit fürs Spielen weniger Zeit für das Lernen aufzuwenden. Dass das nicht immer einfach ist und Kinder dabei Unterstützung brauchen, langfristige Ziele erfassen und darauf hinarbeiten zu können, versteht sich von selbst. Daraus folgt übrigens, dass das familiäre und schulische Umfeld von Kindern beim Abwägen von Gegenwart gegen Zukunft eine besondere Rolle spielt.

Im Teenageralter stellt sich die Frage nach dem „weniger heute" oder „mehr morgen" wieder, wenn Jugendliche entscheiden, ob sie nach Absolvieren der Schulpflicht sofort in den Arbeitsmarkt einsteigen wollen, um schneller eigenes Geld zu verdienen. Alternativ können sie eine weiterführende Schule besuchen, was weiteres Lernen erfordert und kein unmittelbares eigenes Einkommen ermöglicht. Eine weiterführende Ausbildung, zumal eine akademische, ermöglicht üblicherweise ein höheres durchschnittliches Einkommen und reduziert das Risiko, arbeitslos zu werden. Die Akademikerarbeitslosigkeit ist von allen Ausbildungsschichten nach wie vor mit Abstand die geringste und beträgt sowohl in Österreich als auch Deutschland aktuell ungefähr zwei Prozent. Der Verzicht auf ein eigenes Einkommen während der vielen Jahre zusätzlicher Ausbildung ermöglicht also im Regelfall ein „mehr morgen", auch wenn es durch kein oder ein geringes Einkommen heute und durch die Mühen einer höheren Ausbildung erkauft werden muss.

Auch Entscheidungen, die eine unmittelbare Relevanz für unsere Gesundheit haben, können unter dem Blickwinkel von „weniger heute" gegen „mehr morgen" betrachtet werden. Rauchen ist ein Beispiel dafür. Der Wunsch dazuzugehören oder das Nachahmen von Vorbildern im Freundeskreis beziehungsweise der Verwandtschaft führen häufig dazu, dass junge Menschen im Teenageralter zu rauchen beginnen. Sich dem zu entziehen, erfordert Selbstkontrolle und Durchhaltevermögen, etwas, was mit Geduld sehr eng verwandt ist. Da es sehr schwer ist, sich das Rauchen abzugewöhnen, besteht die beste Gesundheitsvorsorge in diesem Punkt darin, gar nicht damit anzufangen. Langfristig betrachtet sind die negativen Auswirkungen des Rauchens auf die Gesundheit nicht zu übersehen, auch wenn es kurzfristig zu sozialer Anerkennung im Freundeskreis oder zu einem Genusserlebnis führen kann. Eine gesunde Lebensweise ist deshalb zukunftsorientiert.

Im Erwachsenenalter begegnen uns die Entscheidungen zwischen dem „weniger heute" und dem „mehr morgen" fast täglich. Eines der prominentesten und bedeutendsten Beispiele ist die Frage nach der Altersvorsorge. Da die staatliche Altersvorsorge aufgrund der steigenden Lebenserwartung – und damit aufgrund der ständig steigenden Zahl von Pensionisten im Vergleich zu (Pensionsbeiträge einzahlenden) Berufstätigen – in den kommenden Jahrzehnten weiter an Bedeutung für die Altersvorsorge verlieren wird, wird die private Altersvorsorge immer wichtiger, um im Alter einen gewohnten Lebensstandard aufrechterhalten zu können. Die dritte Säule der Altersvorsorge – die betriebliche Pensionsvorsorge – reduziert zwar zu einem gewissen Teil die Notwendigkeit privater Vorsorge, sie wird Letztere aber nicht obsolet machen. Privat vorzusorgen bedeutet aber, auf heutigen Konsum (etwa für Reisen, teure Autos oder andere Hobbys) zu verzichten, um im Alter eine bessere finanzielle

Absicherung zu haben. Das „mehr morgen" wird dabei erkauft durch Verzicht auf gewisse Konsumgüter heute. Die Alternative besteht darin, heute mehr zu konsumieren, dafür aber im Alter weniger zu haben.

Das letzte Beispiel illustriert sehr gut, dass Begrifflichkeiten beim Abwägen zwischen Gegenwart und Zukunft eine bedeutende Rolle spielen. Wenn man ein Mehr an Konsum jetzt als „mehr heute" und damit verbunden eine geringere Altersvorsorge als „weniger morgen" wahrnimmt, dann macht diese Begrifflichkeit Sparen für die Altersvorsorge weniger attraktiv. Vergleichsweise könnte man als Kind mehr Freizeit – auf Kosten der Lernzeit – als „mehr heute" wahrnehmen, im Bewusstsein, dass morgen weniger Freizeit möglich sein wird, weil der Schulstoff irgendwann gelernt werden muss. Die Begrifflichkeit hängt also immer vom übergeordneten Ziel ab. In den Beispielen dieses Abschnitts sind die übergeordneten Ziele „Lernerfolg und gute Ausbildung", „gesunde Lebensweise" und „ausreichende Altersvorsorge". Anhand dieser Ziele ergibt sich beim Abwägen zwischen Gegenwart und Zukunft, was ich als „weniger heute" und „mehr morgen" bezeichne. Dass die Sprache beim Abwägen von Gegenwart gegen Zukunft tatsächlich eine sehr große Rolle spielt, darauf werde ich später ausführlich eingehen.

Zunächst aber möchte ich einen kurzen Überblick über die Kapitel dieses Buches geben. Psychologen – allen voran Walter Mischel – haben sich seit mehreren Jahrzehnten damit beschäftigt, wie sich Geduld von Kindern messen lässt, welche Faktoren Geduld beeinflussen und welche Zusammenhänge etwa zum Lebensweg dieser Kinder im Erwachsenenalter bestehen. Zum Ende des Einleitungskapitels werde ich kurz Walter Mischels erste Arbeiten zur Messung von Geduld bei kleinen Kindern vorstellen. Diese Arbeiten sind heute bekannt als „Marshmallow-Experimente".

- Kapitel 2 präsentiert mehrere Möglichkeiten zur Messung von Geduld und empirische Daten, wie sich das Ausmaß an Geduld vom Kindergartenalter bis zum frühen Erwachsenenalter entwickelt. Ein wichtiger Aspekt dieses Kapitels besteht in der Untersuchung, ob

Messungen von Geduld über die Zeit hinweg bei ein und demselben Menschen zu den gleichen – oder sagen wir bescheidener: zu ähnlichen – Ergebnissen führt. Nur wenn Letzteres zutrifft, können Geduld oder Ungeduld in der Kindheit Bedeutung für die langfristige Entwicklung eines Menschen bekommen.

- Kapitel 3 beleuchtet den Zusammenhang von Geduld und Gesundheit. Eine schlechte Gesundheit ist beispielsweise eine große Hypothek für die Chancen auf dem Arbeitsmarkt. Noch stärkere Beeinträchtigungen können vom Suchtverhalten ausgehen, dessen Beziehung zu Geduld ebenfalls im dritten Kapitel beleuchtet wird.
- Kapitel 4 bringt einen methodischen Einschub, um zu verstehen, wie man erkennt, ob jemand im Hier und Jetzt ungeduldig, aber in den Plänen für die Zukunft geduldig ist. Das bringt uns dann zurück zu den Neujahrsvorsätzen, und es lässt sich zeigen, dass Menschen häufig kurzfristig ungeduldig sind, aber langfristig geduldig planen. Dieses Wissen ist dann für das folgende Kapitel wichtig.
- Kapitel 5 befasst sich mit beruflichem und finanziellem Erfolg. Dieser wird illustriert am Durchhaltevermögen in einem anstrengenden Job (als Fernfahrer), am Erfolg von Arbeitslosen, eine neue Arbeitsstelle zu finden, oder an der Höhe der Kreditkartenschulden von berufstätigen Menschen.
- Kapitel 6 liefert Belege für die These, dass geduldige Kinder im Erwachsenenalter erfolgreicher und gesünder sind als ungeduldige Kinder. Dieses Kapitel basiert auf wissenschaftlichen Arbeiten, die junge Kinder – teilweise Vierjährige – über mehrere Jahrzehnte hinweg auf ihrem Lebensweg begleitet haben, um zu prüfen, ob sich Geduld in der Kindheit langfristig auszahlt.
- Kapitel 7 beschäftigt sich mit dem Einfluss des Elternhauses. Macht Stillen Kinder geduldiger oder sind Kinder reicher Eltern geduldiger? Diese Fragen stehen im Zentrum. Es geht aber ebenso um die Frage, ob es für das Ausmaß der Geduld von Kindern wichtig ist, sich auf das verlassen zu können, was Erwachsene sagen.
- Kapitel 8 befasst sich mit dem Zusammenhang von kognitiven und

nicht-kognitiven Fähigkeiten. Insbesondere geht es um die Frage, wie Geduld und der Intelligenzquotient eines Menschen zusammenhängen. Es könnte ja sein, dass die Bedeutung von Geduld letztlich nur eine Frage der Intelligenz ist.

- Kapitel 9 untersucht, ob die Sprache, die ein Mensch spricht, einen starken Einfluss auf Entscheidungen zwischen Gegenwart und Zukunft hat. Diesbezüglich gibt es eine interessante Hypothese aus der Sprachwissenschaft. Sie basiert auf den Unterschieden zwischen verschiedenen Sprachen hinsichtlich ihrer grammatikalischen Möglichkeiten, sich auf zukünftige Ereignisse zu beziehen. Wenn man in einer Sprache – wie im Deutschen – über die Zukunft auch in der Gegenwartsform sprechen kann („Morgen lese ich das Buch von Matthias Sutter über Geduld"), dann scheint das zukunftsorientierte Entscheidungen wahrscheinlicher zu machen.
- Kapitel 10 wirft einen Blick in das menschliche Gehirn und erläutert, welche Areale dafür zuständig sind, dass Menschen häufig kurzfristig ungeduldig, aber langfristig geduldig sind. Diese Diskrepanz wird als inkonsistentes Verhalten interpretiert. Die Grundlagen dafür liegen im Wechselspiel zwischen verschiedenen Gehirnarealen.
- Kapitel 11 widmet sich der Frage, wie Ungeduld gebändigt werden kann. Hier haben verschiedene verhaltenswissenschaftliche Studien in den letzten Jahren interessante Einsichten hervorgebracht, die helfen können, die negativen Effekte von ungeduldigem Verhalten zu vermindern.
- Kapitel 12 fasst die wichtigsten Einsichten des Buches zusammen.

Walter Mischels „Marshmallow-Experimente"

Walter Mischel, geboren in Österreich, Professor für Psychologie in Harvard, Stanford und an der Columbia-Universität in New York, interessierte sich in den späten 1960er und frühen 1970er Jahren für die Frage, ob Kinder im Vorschulalter und frühen Schulalter fähig sind, auf

Belohnungen zu warten, und welche Strategien sie anwenden könnten, wenn sie auf eine Belohnung warten sollen. Dazu führte er eine große Serie von experimentellen Studien durch, die heute als „Marshmallow-Experimente" bekannt sind, weil die Kinder in vielen Experimenten ein Marshmallow – das süß-klebrige Zeug, das fast alle Kinder sehr gerne mögen – bekommen konnten. Neben Marshmallows verwendete Mischel aber auch Kekse oder Brezeln.

In einem typischen Marshmallow-Experiment wurden Kinder im Alter von vier bis sechs Jahren in einen sehr kärglich ausgestatteten Versuchsraum gebracht und mit folgender Entscheidungssituation konfrontiert: Vor dem Kind lag auf einem Tisch ein Marshmallow. Der Versuchsleiter teilte dem Kind mit, dass er für eine andere Aufgabe den Raum verlassen müsse. Sollte das Kind das Marshmallow essen wollen, dann solle es mit einer Klingel nach dem Versuchsleiter klingeln. Der Versuchsleiter käme dann sofort zurück und das Kind könnte das Marshmallow essen. Sollte der Versuchsleiter aber zurückkommen, bevor das Kind klingelt, dann würde das Kind vom Versuchsleiter noch ein zweites Marshmallow bekommen. Beide Marshmallows könnten dann gleich gegessen werden. Der Versuchsleiter sagte dem Kind aber nicht, dass er auch ohne Klingelzeichen nach 15 Minuten wiederkommen würde. Wie lange das Kind warten musste, war diesem also nicht bekannt. Der Versuchsraum war deshalb kärglich ausgestattet, damit das Kind nicht durch andere Gegenstände von der eigentlichen Aufgabe abgelenkt würde. Jedes Kind saß also an einem Tisch, auf dem das Marshmallow lag. Sonst waren keine Gegenstände vorhanden, mit denen sich die Kinder hätten beschäftigen können.

Walter Mischel wollte mit dieser Versuchsanordnung prüfen, in welchem Alter Kinder lernen, die Zukunft in ihre Handlungen einzukalkulieren und auf eine erstrebenswerte Belohnung in der Zukunft zu warten. Letztlich ist das die Frage, wann Kinder Strategien für ein in die Zukunft gerichtetes Handeln entwickeln können. Ein solches Handeln setzt Selbstkontrolle und Willenskraft voraus. Weil Selbstkontrolle und Willenskraft aber an sich schwer zu messen sind, suchte Mischel nach einer Aufgabe, in der ein Näherungsmaß dafür gefunden werden konnte. Das Marshmallow-Experiment ermöglichte ein solches Maß, nämlich den Zeitraum, den ein Kind warten kann, bis es die Klingel betätigt, um das erste Marshmallow zu essen. Dieses Zeitmaß betrug bei verschiedenen Experimentserien mit vierjährigen Kindern im Schnitt meist sechs bis zehn Minuten. Die Wartezeiten einzelner Kinder schwankten aber sehr stark zwischen sofortigem Verzehr und Warten bis zur Rückkehr des Versuchsleiters. Eine kleine Minderheit der Kinder aß das erste Marshmallow sofort und eine relativ kleine Gruppe wartete, bis der Versuchsleiter von selbst wiederkam. Die unterschiedlichen Wartezeiten wurden von Mischel als Maß für Geduld und Selbstkontrolle interpretiert.

Zu Beginn dieser Studien war Mischel noch nicht ausdrücklich daran interessiert, ob das Verhalten eines Kindes ein Indikator für seine weitere Entwicklung als Jugendlicher und später als Erwachsener sein könnte. Erst Nachfolgeuntersuchungen mit denselben Kindern mehrere Jahre und Jahrzehnte später brachten einen solchen Zusammenhang ans Licht. Davon später in diesem Buch mehr. Das unmittelbare Erkenntnisinteresse von Mischel bestand zunächst darin zu verstehen, welche Strategien Kindern das Warten erleichtern und damit zukunftsorientiertes Handeln unterstützen.

Manche Kinder nahmen das Marshmallow rasch in ihre Hände und rochen daran. Vielleicht taten sie das, um ihre Vorfreude zu steigern. Das Riechen am Objekt der Begierde führte aber meist zu einem ersten kleinen Biss in das Marshmallow und üblicherweise darauf zum sofortigen Verzehr – meist noch bevor das Kind überhaupt die Klingel betätigte, um den Versuchsleiter zu rufen. Die Konzentration auf das angestrebte Marshmallow führte also meist nicht dazu, dass die Kinder bis zur Wiederkehr des Versuchsleiters nach 15 Minuten warten konnten.

Eine häufige Reaktion der Kinder bestand darin, sich umzudrehen oder die Hände vor das Gesicht zu halten. Diese Verhaltensweisen dienten offenbar dem Zweck, den Gegenstand der Versuchung nicht sehen zu müssen. Ganz nach dem Motto: aus den Augen, aus dem Sinn. Kinder mit einer solchen Strategie warteten üblicherweise länger, bis sie das Marshmallow aßen, auch wenn nicht alle erfolgreich bis zur Rückkehr des Versuchsleiters durchhielten.

Eine dritte häufige Verhaltensweise war, dass die Kinder zu singen begannen oder sich sonst irgendwie abzulenken versuchten. Im einleitenden Beispiel von Clara und Elke hat sich Clara auf das Zeichnen einer Biene konzentriert (und dazu auch noch die beiden Gummibären-Päckchen hinter ihrer Malschachtel versteckt). Die Konzentration auf eine andere Tätigkeit erleichterte es den Kindern normalerweise, auf die Rückkehr des Versuchsleiters zu warten und damit ein zweites Marshmallow zu bekommen. Diese Strategie ermöglichte es häufig, den Impuls, das auf dem Tisch liegende Marshmallow sofort zu essen, zu unterdrücken.

Die Marshmallow-Experimente haben ganze Generationen von Psychologen inspiriert. Walter Mischels Arbeiten sind aber auch für Ökonomen faszinierend, weil sie mithilfe einer ganz einfachen Aufgabe eine Kernfrage ökonomischer Forschung ansprechen. Es geht dabei um die Entscheidung zwischen einer kleineren Belohnung zu einem früheren Zeitpunkt und einer größeren Belohnung zu einem späteren Zeitpunkt. Ökonomen denken dabei sofort an das Paradebeispiel „Sparen". In der traditionellen ökonomischen Forschung steht dabei die Sparquote eines Landes im Vordergrund. Je mehr eine Volkswirtschaft spart – und damit auf heutigen Konsum verzichtet –, umso mehr kann sie in die Zukunft investieren, etwa in Bildung oder Infrastruktur. Die verhaltenswissenschaftliche Revolution in den Wirtschaftswissenschaften hat seit einigen Jahren den Blickwinkel von der volkswirtschaftlichen auf die individuelle Ebene gelenkt und untersucht, wie Geduld mit wirtschaftlichem Erfolg zusammenhängt. Es geht dabei um die Frage, ob und wie sich geduldige und ungeduldige Menschen unterscheiden und welche Konsequenzen das für ihren beruflichen Erfolg und ihre Gesundheit hat. Aus diesem individuellen Blickwinkel sind die folgenden Kapitel geschrieben.

KAPITEL 2

WIE MISST MAN GEDULD UND WIE ENTWICKELT SIE SICH IN KINDHEIT UND JUGEND?

In der einleitenden Geschichte von Clara und Elke haben die beiden eine einmalige Entscheidung zwischen einem Päckchen Gummibären sofort oder zwei Päckchen in 15 Minuten treffen können. Auch in Walter Mischels Marshmallow-Experimenten trafen die Kinder immer nur eine Entscheidung, nämlich das Marshmallow gleich zu essen oder auf ein zweites zu warten.

In der Verhaltensökonomie misst man das Maß an Geduld meist in der Form, dass ein Versuchsteilnehmer nicht nur eine, sondern mehrere Entscheidungen treffen muss. Dabei wird die mögliche Belohnung in der Zukunft schrittweise gesteigert. Dadurch kann man messen, wie attraktiv die zukünftige Belohnung sein muss, um der kleineren Belohnung in der Gegenwart zu widerstehen. Dieses Herangehen entspricht dem typischen Ansatz von Ökonomen, dass (fast) alles seinen Preis hat. Tatsächlich hat auch das Warten auf die Zukunft einen Preis, nämlich den Verzicht auf Konsum in der Gegenwart. Je nachdem, wie attraktiv der gegenwärtige Konsum im Vergleich zu den Konsummöglichkeiten in der Zukunft ist, wird jemand warten oder nicht. Dieses Grundprinzip gilt für alle Entscheidungen, bei denen die Zukunft eine Rolle spielt. Beispielsweise führen steigende Zinsen dazu, dass Menschen mehr sparen, weil dann der Verzicht auf aktuellen Konsum in der Zukunft mehr Ertrag bringt. Im gleichen Sinne lohnt es sich eher, in eine gute, aber lange Ausbildung zu investieren, wenn die Berufs- und Verdienstmöglichkeiten mit einer solchen Ausbildung attraktiver und lukrativer sind, als wenn das nicht der Fall ist und sich eine gute Ausbildung auf dem Arbeitsmarkt fast nicht auszahlt.

Wenn Versuchsteilnehmer mehrere Entscheidungen treffen müssen, dann könnten die früheren auf die späteren Entscheidungen eine Auswirkung haben. Beispielsweise kann man die Wahl zwischen einem Päckchen Gummibären heute und zwei Päckchen in 15 Minuten nicht beliebig oft wiederholen, weil man sich ab einem bestimmten Zeitpunkt an Gummibären satt gegessen hat, und dann spielt es keine Rolle mehr, ob man das eine Päckchen gleich oder zwei Päckchen in 15 Minuten wählt. Aus diesem Grund wird den Teilnehmern an Studien, in denen mehrere Entscheidungen getroffen werden müssen, mitgeteilt, dass am Schluss nur eine ihrer Entscheidungen tatsächlich zählt. Welche das ist, wird aber erst am Ende ermittelt. Das kann beispielsweise durch Würfeln oder Ziehen von Loskugeln geschehen. In jedem Fall werden die Teilnehmer aufgefordert, jede Entscheidung möglichst gewissenhaft und so zu treffen, als ob die betreffende Entscheidung die tatsächlich gültige wäre.

Wie also entwickelt sich Geduld? Die folgenden drei Abschnitte präsentieren Ergebnisse aus Nord- und Südtirol. Die Daten für die Teilnehmer im Alter von drei bis 18 Jahren zeigen einen sehr ähnlichen Effekt des Alters auf Geduld, wie er auch in vielen Studien in den USA und anderswo in Europa festgestellt worden ist.

Geduld bei drei- bis sechsjährigen Kindergartenkindern

Im Jahr 2012 nahmen 362 Kindergartenkinder im Alter von drei bis sechs Jahren an folgender Untersuchung teil, die von der Universität Innsbruck in mehreren Kindergärten in Innsbruck und Umgebung durchgeführt wurde: Jedes Kind hatte zwei Entscheidungen zu treffen. In der ersten Entscheidung musste es zwischen einem Geschenk am selben Tag und zwei Geschenken am nächsten Tag wählen. Die zweite Entscheidung war dann zwischen einem Geschenk am selben Tag und drei Geschenken am folgenden Tag. Bei der zweiten Entscheidung war das Zuwarten damit attraktiver als bei der ersten Entscheidung. Als Geschenke stand eine Vielzahl an kleinen Gegenständen oder Nahrungsmitteln zur Verfügung – wie etwa Abziehbildchen, Bleistifte, Gummiarmreifen, kleine Schreibblöcke, Obst, Süßigkeiten oder Radiergummis –, aus denen sich die Kinder nach ihren Wünschen etwas aussuchen konnten. Um die Wahl zwischen einem Geschenk sofort oder mehreren Geschenken am folgenden Tag glaubwürdig zu machen, kamen die Versuchsleiter am Folgetag nochmals in den Kindergarten.

Die Durchführung einer solchen Studie im Kindergarten ist nicht so einfach und stellt an die Wissenschaftler einige Herausforderungen. Die meisten Kindergartenkinder sind aufgeregt, wenn Gäste – hier Forscher von der Universität – in ihre Gruppe kommen. Die Entscheidungssituation wird den Kindern dann als kleines Spiel erklärt, bei dem sie Geschenke gewinnen können. Die Geschenke sind in einer eigenen Ecke des Raumes aufgebaut, sodass die Kinder sie sehen können. Das Spiel wird jedem einzelnen Kind von einem trainierten Studienmitarbeiter von Angesicht zu Angesicht erklärt. Um sicherzugehen, dass ein Kind den Spielregeln – das sind die Entscheidungsbedingungen – folgen kann, wird es gebeten, zwischendurch immer wieder einzelne Teile der Regeln zu wiederholen. Wenn ein Kind damit Schwierigkeiten hat, wird der betreffende Teil der Regeln nochmals wiederholt. Manchmal kann es vorkommen, dass ein Kind auch nach einer oder zwei Wiederholungen die Konsequenzen bestimmter Entscheidungen noch nicht richtig versteht. Ein solches Kind kann trotzdem teilnehmen und auch Geschenke gewinnen, für die Datenauswertung werden seine Entscheidungen aber ausgeschlossen. In der Studie in den Nordtiroler Kindergärten hatten 51 der 362 Kinder Verständnisschwierigkeiten, vor allem drei- bis vierjährige. Das bedeutet, dass für die folgenden Ergebnisse die Entscheidungen von 311 Kindern herangezogen wurden.

Die Darstellung der Ergebnisse orientiert sich an den vier möglichen Entscheidungskombinationen, die aus den zwei Entscheidungen resultieren können.

1. Ein Kind wählt bei beiden Entscheidungen jeweils das eine Geschenk heute und wartet in keinem Fall auf morgen, um zwei oder drei Geschenke zu bekommen. Diese Kombination der beiden Entscheidungen ist die am wenigsten zukunftsorientierte. Mit anderen Worten: Ein solches Kind ist relativ ungeduldig.
2. Ein Kind wählt bei der ersten Entscheidung das eine Geschenk heute, bei der zweiten Entscheidung aber die drei Geschenke morgen. Im Vergleich zur vorigen Kombination ist ein Kind, das bei der zweiten Entscheidung wartet, schon etwas geduldiger.
3. Ein Kind wartet bei beiden Entscheidungen und wählt jeweils die größere Anzahl an Geschenken am nächsten Tag. Von den bisherigen Entscheidungskombinationen ist das die geduldigste Form.
4. Ein Kind wählt bei der ersten Entscheidung die zwei Geschenke morgen, aber bei der zweiten Entscheidung das eine Geschenk heute. Eine solche Kombination ist eigentlich widersprüchlich. Das liegt daran, dass das Kind auf das eine Geschenk heute verzichtet, wenn es morgen zwei Geschenke bekommen kann, dass es allerdings für drei Geschenke – was nach allem Ermessen besser als zwei Geschenke ist – nicht zu warten gewillt ist. Solche Widersprüche bei Entscheidungen kommen vor – nicht nur bei Kindern –, sind aber relativ selten und nehmen in ihrer Häufigkeit normalerweise ab, je älter die Studienteilnehmer sind.

In Abbildung 1 sind die vier möglichen Entscheidungskombinationen angezeigt. Für jede Kombination beschreiben der Balken und die dazugehörige Zahl den Prozentsatz an Kindern, die eine solche Kombination an Entscheidungen getroffen haben. In der Abbildung sind auch die drei Jahrgänge im Kindergarten separat abgebildet: die jüngsten (drei/vier Jahre), die mittleren (vier/fünf Jahre) und die ältesten Kinder (fünf/sechs Jahre).

Links oben (mit der Überschrift „Immer ungeduldig") ist der prozentuelle Anteil an Kindern abgebildet, die in beiden Entscheidungen lieber ein Geschenk sofort wollen als zwei oder drei Geschenke am

Abbildung 1. Relative Häufigkeit (in Prozent) der vier Entscheidungskombinationen im Kindergarten in den drei Jahrgängen (drei/vier Jahre, vier/fünf Jahre und fünf/sechs Jahre)

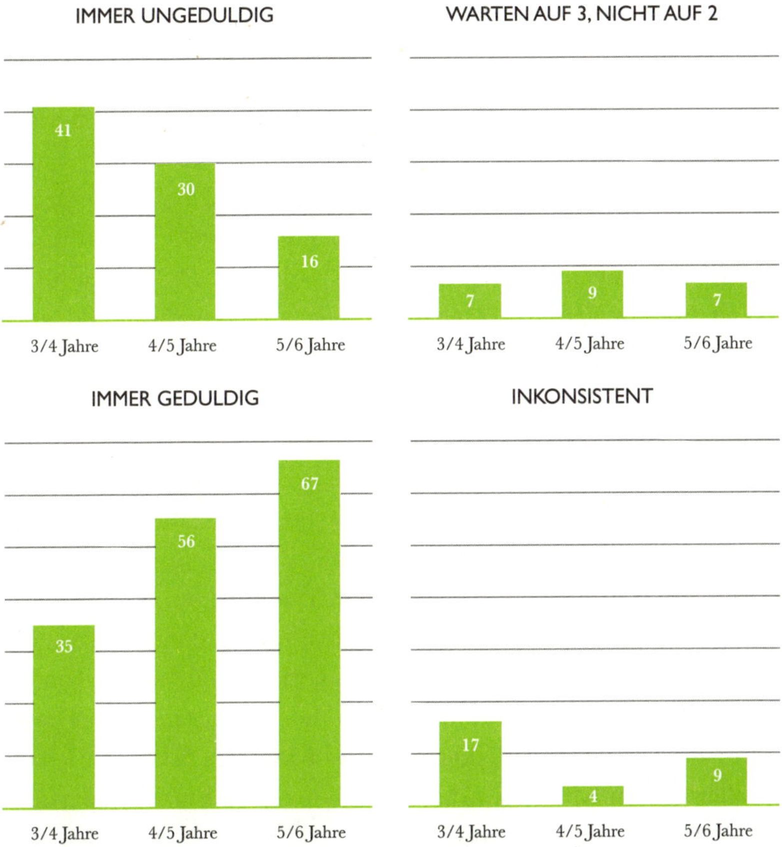

Datenquelle: Sutter, Angerer, Glätzle-Rützler und Oberauer (2013)

darauffolgenden Tag. Das sind die ungeduldigsten Kinder. Der prozentuelle Anteil ist bei den Drei- bis Vierjährigen am höchsten mit 41 Prozent, sinkt dann aber im Laufe des Kindergartenalters auf 16 Prozent bei den Fünf- bis Sechsjährigen ab. Das zeigt sehr anschaulich, dass Kindergartenkinder mit zunehmendem Alter besser zuwarten und den Impuls unterdrücken können, das eine Geschenk sofort haben zu müssen.

Unter der Überschrift „Warten auf 3, nicht auf 2" ist rechts oben der prozentuelle Anteil der Kinder dargestellt, die geduldig sind, wenn sie morgen drei Geschenke bekommen können, aber ungeduldig, wenn es nur zwei Geschenke sind. Diese Kinder können also grundsätzlich warten, aber die Belohnung für das Warten muss eine bestimmte Größe haben, sonst lohnt sich das Warten für diese Kinder nicht. Relativ betrachtet fallen wenige Kinder in diese Kategorie. In jeder Altersgruppe sind es weniger als zehn Prozent.

Links unten in Abbildung 1 sieht man unter der Überschrift „Immer geduldig" den relativen Anteil der Kinder, die in beiden Entscheidungen geduldig auf den nächsten Tag und damit auf die größere Anzahl an Geschenken warten. Dieser Anteil steigt kontinuierlich mit dem Alter an und verdoppelt sich ungefähr. Er beträgt nur rund ein Drittel bei den Drei- bis Vierjährigen, jedoch ziemlich genau zwei Drittel bei den Fünf- bis Sechsjährigen.

Rechts unten (mit der Überschrift „Inkonsistent") ist der relative Anteil jener Kinder abgebildet, deren Entscheidungskombination widersprüchlich ist. Sie sind zwar gewillt, auf zwei Geschenke morgen zu warten; wenn sie aber vor die Wahl gestellt werden, ob sie lieber heute ein Geschenk oder morgen drei Geschenke wollen, dann sind sie ungeduldig und wählen das eine Geschenk sofort. Der Anteil von Kindern mit dieser Entscheidungskombinationen ist allerdings nicht sehr hoch.

Insgesamt zeigt die Abbildung 1, dass bereits im Kindergartenalter die allermeisten Kinder ein klares Muster in ihren Entscheidungen haben. Wenn die jungen Kinder völlig zufällig entscheiden würden, dann sollten die Balken überall und in allen Altersgruppen bei ungefähr 25 Prozent liegen. Das ist eindeutig nicht der Fall, was zeigt, dass selbst Kindergartenkinder eine solche Aufgabe gut verstehen und konsistente Entscheidungen treffen können. Aus Abbildung 1 geht jedoch auch deutlich hervor, dass es eine große Bandbreite unter den Kindern im Hinblick auf ihre Bereitschaft und Fähigkeit zu warten gibt. Das zeigt sich auch bei Grundschulkindern.

Geduld bei sechs- bis elfjährigen Grundschulkindern

Die Studie mit Grundschulkindern fand in der Stadt Meran in Südtirol im Jahr 2012 statt. In Italien hat die Grundschule fünf Schulstufen. In Meran leben ungefähr 38.000 Einwohner, von denen ziemlich genau die eine Hälfte Deutsch und die andere Hälfte Italienisch spricht. Insgesamt trafen 1.156 Kinder Entscheidungen zur Messung ihrer Geduld. Das sind fast 90 Prozent aller deutsch- und italienischsprachigen Kinder in der Stadt Meran. In diesem Abschnitt werden die Ergebnisse aller 1.156 Kinder präsentiert, ohne zwischen den beiden Sprachgruppen zu unterscheiden. In Kapitel 9 werde ich jedoch auf diese Untersuchung zurückkommen und zeigen, dass die Sprache, die die Kinder sprechen, einen Einfluss auf das Ausmaß an Geduld hat.

Die Schulkinder in Meran trafen drei Entscheidungen zur Messung ihrer Geduld, eine Entscheidung mehr als die Kindergartenkinder. Die größere Zahl an Entscheidungen erlaubt eine noch feinere Abstufung des Ausmaßes an Geduld. Die drei Entscheidungen sahen folgendermaßen aus:

1. Wähle zwischen *zwei* Geschenken am Ende des heutigen Schultages oder *drei* Geschenken in genau vier Wochen.
2. Wähle zwischen *zwei* Geschenken am Ende des heutigen Schultages oder *vier* Geschenken in genau vier Wochen.
3. Wähle zwischen *zwei* Geschenken am Ende des heutigen Schultages oder *fünf* Geschenken in genau vier Wochen.

Bei diesen drei Entscheidungen wird die Belohnung in der Zukunft immer größer, sodass das Warten attraktiver wird. Bei der Hälfte der Kinder wurde diese Reihenfolge mit zunehmenden Belohnungen vorgegeben, bei der anderen Hälfte genau die umgekehrte Reihenfolge. Das bedeutet, dass diese zuerst zwischen zwei Geschenken sofort und fünf Geschenken in vier Wochen wählten, während bei den weiteren Entscheidungen die Anzahl der Geschenke in vier Wochen auf vier beziehungsweise drei sank. Die Anwendung der umgekehrten Reihenfolge bei einem Teil der Kinder ermöglicht es zu prüfen, ob die Abfolge der

Entscheidungen eine Rolle spielt. Die Ergebnisse zeigen, dass das nicht der Fall ist. Darum werden hier die Ergebnisse für beide Reihenfolgen zusammen dargestellt.

Wie bei den Kindern im Kindergarten konnten auch die Grundschulkinder in Meran zwischen verschiedenen kleinen Geschenken wählen. In Absprache mit den Elternvertretern und dem Landesschulrat in Südtirol wurde auf eine Verwendung von Geld verzichtet. Aus den drei Entscheidungen eines Kindes ergeben sich hier fünf wesentliche Entscheidungskombinationen.

1. Ein ungeduldiges Kind wartet nie auf den größeren Betrag in vier Wochen.
2. Ein Kind wählt die zwei Geschenke, wenn als Alternative drei oder vier Geschenke in der Zukunft erhältlich sind, aber es wartet auf fünf Geschenke in vier Wochen, weil das eine ausreichend große Belohnung ist, um auf die zwei Geschenke sofort zu verzichten.
3. Ein Kind ist bereit, auf vier beziehungsweise fünf Geschenke in vier Wochen zu warten. Bei der Wahl zwischen zwei Geschenken sofort und drei Geschenken in der Zukunft wählt es aber die zwei Geschenke sofort.
4. Ein Kind wählt immer den größeren Betrag an Geschenken in vier Wochen, aber niemals die zwei Geschenke sofort. Ein solches Kind hat das größte Maß an Geduld.
5. Auch hier gibt es Kinder mit widersprüchlichen Entscheidungskombinationen; zum Beispiel, wenn jemand auf die drei Geschenke wartet, bei der Wahl zwischen zwei Geschenken jetzt und vier Geschenken in der Zukunft aber die zwei Geschenke jetzt nimmt.

Abbildung 2 präsentiert die Ergebnisse. Die Entscheidungskombination jedes einzelnen Kindes ist genau einem Bild in dieser Abbildung zugeordnet. Oben links (mit Überschrift „Immer ungeduldig“) ist die relative Häufigkeit in Prozent abgebildet, mit der Kinder in den fünf Schulstufen – abgebildet auf der horizontalen Achse – immer die zwei Geschenke am Tag des Experiments wählen. Das sind die besonders ungeduldigen Kinder. Ihr relativer Anteil geht von 44 Prozent bei den Sechs- bis Siebenjährigen in Schulstufe 1 auf zwölf Prozent bei den Zehn- bis Elfährigen in Schulstufe 5 zurück. Das bedeutet, dass nicht nur im Kindergartenalter – wie im vorigen Abschnitt gezeigt –, sondern auch im Grundschulalter die Kinder mit zunehmendem Alter eher zuwarten können.

Oben rechts ist unter der Überschrift „Warten auf 5, sonst ungeduldig" der relative Anteil der Kinder zu sehen, die für die maximal mögliche Belohnung von fünf Geschenken zu warten bereit sind. Bei weniger Geschenken – also drei oder vier – wählen sie aber lieber die zwei Geschenke sofort. Die relative Häufigkeit einer solchen Entscheidungskombination nimmt über die fünf Schulstufen hinweg von zwölf Prozent bei den Sechs- bis Siebenjährigen auf circa 30 Prozent bei den Zehn- bis Elfjährigen zu. Auch hier zeigt sich also, dass ältere Kinder eher zu warten in der Lage sind.

In der Mitte links sieht man den Anteil an Kindern, die sowohl auf vier als auch auf fünf Geschenke in vier Wochen warten, nicht aber auf nur drei Geschenke (Überschrift „Warten auf 5 und auf 4, nicht auf 3"). Diese Kinder sind im Vergleich zu den bisher beschriebenen Kindern noch geduldiger. Ihr Anteil nimmt von sieben Prozent in der ersten Schulstufe auf 30 Prozent in der fünften Schulstufe zu.

In der Mitte rechts ist der Anteil der geduldigsten Kinder abgebildet, die also in allen drei Entscheidungen auf die größere Anzahl an Geschenken in vier Wochen warten (Überschrift „Immer geduldig"). In dieser Gruppe sehen wir praktisch keinen Anstieg mit dem Alter. Der relative Anteil schwankt zwischen elf Prozent und 14 Prozent, bleibt aber im Wesentlichen konstant. Interessant an dieser Beobachtung ist der Umstand, dass es schon im frühen Grundschulalter einen recht stabilen Anteil an Kindern gibt, die sehr geduldig entscheiden.

Unten links ist die relative Anzahl der Kinder mit widersprüchlichen Entscheidungskombinationen abgebildet (Überschrift „Inkonsistent"). Wenn Kinder drei Entscheidungen – wie hier in der Grundschule – treffen müssen, gibt es mehr Möglichkeiten, widersprüchlich zu entscheiden, als wenn sie nur zwei Entscheidungen zu treffen haben – wie bei der Studie im Kindergarten. Deshalb ist der höhere Anteil an Kindern mit widersprüchlichen Entscheidungen in Abbildung 2 im Vergleich zu Abbildung 1 kein Anzeichen dafür, dass ältere Kinder häufiger widersprüchlich entscheiden. In der Grundschule nimmt deren Anteil tendenziell mit dem Alter ab und liegt über alle Schulstufen hinweg bei knapp unter 20 Prozent.

Abbildung 2. Relative Häufigkeit (in Prozent) von verschiedenen Entscheidungskombinationen in den Schulstufen 1 bis 5 der Grundschule

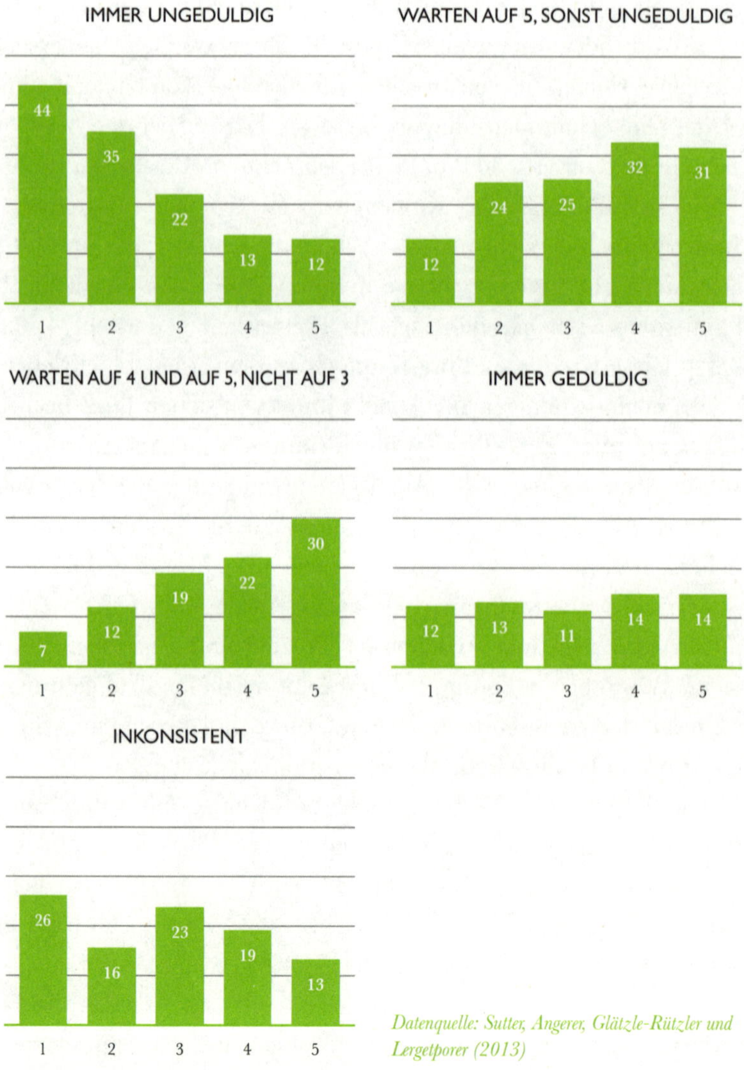

Datenquelle: Sutter, Angerer, Glätzle-Rützler und Lergetporer (2013)

Die Daten aus der Grundschule verdeutlichen zwei Dinge besonders stark: Erstens nimmt die Häufigkeit geduldiger Entscheidungen mit zunehmendem Alter zu. Das liegt daran, dass die Anzahl der ganz ungeduldigen Kinder mit zunehmendem Alter geringer und die Zahl der relativ geduldigen höher wird. Bei den ganz geduldigen Kindern gibt es keinen Alterseffekt. Betrachtet man die durchschnittliche Häufigkeit, mit der Kinder bei ihren drei Entscheidungen auf die größere Belohnung in der Zukunft warten, so ist das bei den Sechs- bis Siebenjährigen nur in 0,95 von drei möglichen Fällen so, während es bei den Zehn- bis Elfjährigen in 1,50 von drei möglichen Fällen zutrifft. Das heißt, dass es von der ersten bis zur fünften Schulstufe ungefähr 50 Prozent wahrscheinlicher wird, dass Kinder auf die größere Belohnung in der Zukunft warten.

Zweitens gibt es auch in dieser Altersgruppe eine große Bandbreite von sehr geduldigen bis sehr ungeduldigen Kindern. Selbst in der fünften Schulstufe gibt es immer noch gleich viele Kinder, die in allen drei Entscheidungen sofort die zwei Geschenke haben wollen, wie Kinder, die in allen drei Entscheidungen zuwarten. Diese starken Unterschiede waren bereits im Kindergartenalter sichtbar. Der folgende Abschnitt zeigt, dass es solche Unterschiede auch bei Jugendlichen und jungen Erwachsenen gibt.

Geduld bei 10- bis 18-jährigen Schülern

Im Jahr 2008 nahmen 668 Schülerinnen und Schüler im Alter von zehn bis 18 Jahren aus mehreren Gymnasien in Innsbruck und Umgebung an einer Studie teil, die den Zusammenhang von Geduld bei finanziellen Entscheidungen und gesundheitsrelevantem Verhalten der Jugendlichen und jungen Erwachsenen untersuchen sollte. Im Folgenden werden zunächst die Entscheidungen zur Messung der Geduld analysiert. Das nächste Kapitel erläutert dann den Bezug zu gesundheitsrelevantem Verhalten wie Rauchen und Trinken.

Bei dieser Studie mussten die Teilnehmer 20 Entscheidungen zwischen einem fixen Betrag von 10,10 Euro sofort und einem mindestens

Abbildung 3. Messung von Geduld bei finanziellen Entscheidungen von 10- bis 18-Jährigen

	BETRAG HEUTE		ODER LIEBER		BETRAG IN 3 WOCHEN
[1]	10,10 Euro heute	O	oder lieber	O	10,10 Euro in 3 Wochen
[2]	10,10 Euro heute	O	oder lieber	O	10,30 Euro in 3 Wochen
[3]	10,10 Euro heute	O	oder lieber	O	10,50 Euro in 3 Wochen
[4]	10,10 Euro heute	O	oder lieber	O	10,70 Euro in 3 Wochen
[5]	10,10 Euro heute	O	oder lieber	O	10,90 Euro in 3 Wochen
[6]	10,10 Euro heute	O	oder lieber	O	11,10 Euro in 3 Wochen
[7]	10,10 Euro heute	O	oder lieber	O	11,30 Euro in 3 Wochen
[8]	10,10 Euro heute	O	oder lieber	O	11,50 Euro in 3 Wochen
[9]	10,10 Euro heute	O	oder lieber	O	11,70 Euro in 3 Wochen
[10]	10,10 Euro heute	O	oder lieber	O	11,90 Euro in 3 Wochen
[11]	10,10 Euro heute	O	oder lieber	O	12,10 Euro in 3 Wochen
[12]	10,10 Euro heute	O	oder lieber	O	12,30 Euro in 3 Wochen
[13]	10,10 Euro heute	O	oder lieber	O	12,50 Euro in 3 Wochen
[14]	10,10 Euro heute	O	oder lieber	O	12,70 Euro in 3 Wochen
[15]	10,10 Euro heute	O	oder lieber	O	12,90 Euro in 3 Wochen
[16]	10,10 Euro heute	O	oder lieber	O	13,10 Euro in 3 Wochen
[17]	10,10 Euro heute	O	oder lieber	O	13,30 Euro in 3 Wochen
[18]	10,10 Euro heute	O	oder lieber	O	13,50 Euro in 3 Wochen
[19]	10,10 Euro heute	O	oder lieber	O	13,70 Euro in 3 Wochen
[20]	10,10 Euro heute	O	oder lieber	O	13,90 Euro in 3 Wochen

so großen oder größeren Betrag in drei Wochen treffen. Im Gegensatz zum Kindergarten und zur Grundschule wurde hier Geld verwendet. Aus den 20 Entscheidungen wurde eine für jeden Teilnehmer zufällig ausgewählt und ausbezahlt. All jene Teilnehmer, die bei dieser Entscheidung den fixen Betrag von 10,10 Euro sofort gewählt hatten, bekamen diesen Betrag unmittelbar nach der Durchführung. Die anderen Teilnehmer, die sich für die Auszahlung in drei Wochen entschieden hatten, bekamen den entsprechenden Betrag in exakt drei Wochen. Abbildung 3 zeigt, wie das Entscheidungsblatt aussah, das ein Teilnehmer bei dieser Studie auszufüllen hatte.

Auf diesem Entscheidungsblatt musste ein Teilnehmer in jeder Zeile entweder das linke oder das rechte Feld ankreuzen (O). Je mehr Kreuze auf der linken Seite – beim sofortigen Betrag von 10,10 Euro – sind, umso ungeduldiger ist ein Teilnehmer. Je häufiger jemand die rechte Seite ankreuzt, umso geduldiger ist diese Person. Da der in drei Wochen erhältliche Betrag mit jeder Zeile ansteigt, beobachtet man normalerweise, dass jemand in den oberen Zeilen links ankreuzt, aber irgendwann in den folgenden Zeilen nach rechts wechselt. Je früher jemand nach rechts wechselt, als umso geduldiger wird er eingestuft, weil eine solche Person bereits für relativ geringe Beträge zu warten bereit ist.

Sobald jemand nach rechts wechselt, sollte er aus logischen Überlegungen in allen folgenden Zeilen auch rechts ankreuzen. Das sei an einem Beispiel illustriert. Nehmen wir an, dass jemand in der Zeile [10] erstmals die rechte Option ankreuzt und damit lieber 11,90 Euro in drei Wochen als 10,10 Euro sofort haben möchte. Bei der nächsten Entscheidung muss diese Person zwischen 12,10 Euro in drei Wochen und 10,10 Euro sofort wählen. Da 12,10 Euro mehr Geld als 11,90 Euro sind, sollte diese Person deshalb auch die 12,10 Euro in drei Wochen gegenüber den 10,10 Euro heute bevorzugen. Tatsächlich trafen nur sieben Schüler Entscheidungen, die dieser Logik widersprechen. Sie sind bei den folgenden Ergebnissen nicht weiter berücksichtigt, sodass die Analyse der Daten in Abbildung 4 die Entscheidungen von 661 Schülern berücksichtigt.

Abbildung 4 zeigt, wie viele Prozent der Schülerinnen und Schüler bei jeder der 20 Entscheidungen zu warten bereit waren. Der erste Balken ganz links zeigt, dass bei der Wahl zwischen 10,10 Euro sofort und dem exakt selben Betrag in drei Wochen ungefähr ein Prozent der Schüler die 10,10 Euro erst in drei Wochen nahm. In absoluten Zahlen waren das acht Schüler. Deren erste Entscheidung mag auf den ersten

Abbildung 4. Relative Häufigkeit (in Prozent), mit der die 10- bis 18-Jährigen drei Wochen lang auf den Betrag gewartet haben, der auf der horizontalen Achse abgebildet ist, anstatt 10,10 Euro sofort zu nehmen

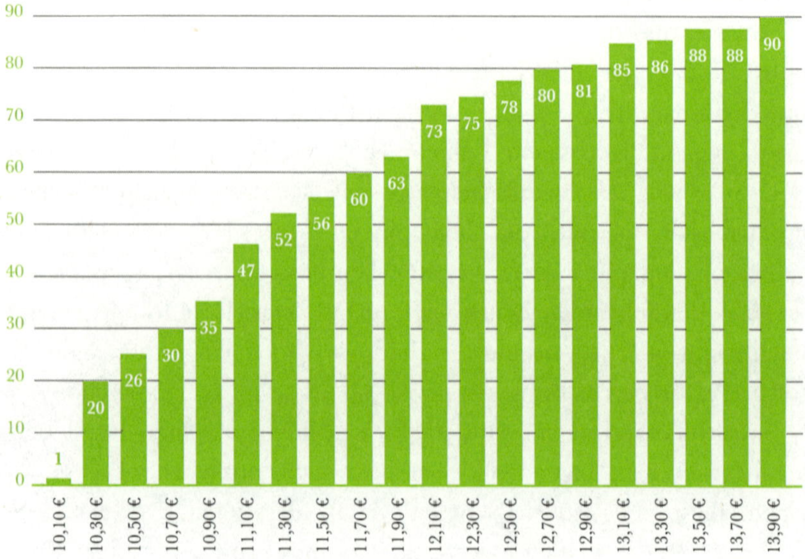

Datenquelle: Sutter, Kocher, Glätzle-Rützler und Trautmann (2013)

Blick eigenartig erscheinen. Deshalb fragten wir diese Schüler nach ihrem Motiv für ihre Entscheidung in der ersten Zeile und bekamen von allen dieselbe Antwort: Sie wollten lieber die 10,10 Euro in drei Wochen, damit sie nicht in Versuchung geführt würden, das Geld gleich auszugeben. Zugegeben, acht von 661 Schülern ist eine sehr kleine, extrem geduldige Gruppe. Es ist aber erstaunlich, mit welcher Strategie diese Schüler der Versuchung begegneten, die 10,10 Euro früher als erwünscht auszugeben.

Mehrere weitere Aspekte an den Ergebnissen in Abbildung 4 sind bemerkenswert. Der zweite Balken von links dokumentiert, dass bereits 20 Prozent der Schüler (134 von 661) auf 10,30 Euro in drei Wochen zu warten bereit sind, anstatt 10,10 Euro sofort zu nehmen. Diese Schüler sind ebenfalls als ausgesprochen geduldig einzustufen. Ab einem Betrag von 11,30 Euro (Balken 7 von links) wählen erstmals mehr Schüler – nämlich 52 Prozent – den höheren Betrag in drei Wochen als die 10,10 Euro sofort. Jedoch warten selbst beim höchstmöglichen Betrag von 13,90 Euro nicht alle Schüler, sondern nur 90 Prozent. Es gibt immerhin 65 Schüler, die selbst anstelle von 13,90 Euro in drei Wochen lieber die 10,10 Euro sofort nehmen. Das sind die ungeduldigsten Teilnehmer in unserer Studie.

Wichtig an Abbildung 4 ist auch der Umstand, dass die Daten für die zehn- bis 18-jährigen Schüler ohne weitere Untergliederung im Hinblick auf ihr Alter dargestellt sind. Das ist deshalb gerechtfertigt, weil in dieser Altersperiode keine statistisch bedeutsamen Unterschiede hinsichtlich des Alters mehr vorliegen. Das bedeutet, dass die zehn- bis elfjährigen Erstklässler im Gymnasium ungefähr gleiche Entscheidungen treffen wie die 17- bis 18-jährigen Maturanten (Abiturienten). Während also die beiden vorigen Studien im Kindergarten und in der Grundschule eine recht starke Entwicklung der Geduld und Fähigkeit zur Selbstkontrolle mit dem Alter gezeigt haben, scheint es im Teenageralter keine nennenswerten Veränderungen mehr zu geben.

Dennoch bestätigen die Daten in Abbildung 4, dass auch in dieser Altersgruppe die Bereitschaft, auf eine größere Belohnung (hier: einen höheren Geldbetrag) zu warten, sehr unterschiedlich ausgeprägt ist. Diese große Streuung entspricht qualitativ genau den Ergebnissen der vorigen Studien und auch den Ergebnissen von Walter Mischel in seinen Marshmallow-Experimenten. Auch Mischel hatte sehr unterschiedliche Wartezeiten der Kinder beobachtet. Geduld ist also mit Sicherheit keine Eigenschaft, in der sich die Menschen lediglich durch Nuancen unterscheiden, sondern in dieser Eigenschaft findet man eine ganz breite Streuung. Es gibt die total Ungeduldigen und die extrem Geduldigen sowie alle Abstufungen dazwischen.

Die Vielfalt in den Entscheidungen erlaubt es zu überprüfen, ob das Ausmaß an Geduld für andere Bereiche im Leben – jene außerhalb der Entscheidungen im Rahmen einer wissenschaftlichen Studie – von Bedeutung ist. Vor diesem Schritt muss aber noch eine wichtige Bedingung abgeklärt werden. Diese betrifft die Frage, ob das, was man in einer Studie zur Geduld misst, überhaupt stabil oder nur einer Laune des Augenblicks geschuldet ist.

Ist experimentell gemessenes Verhalten stabil bei wiederholter Messung?

Dieses Buch behandelt hauptsächlich die Frage, wie das experimentell erhobene Maß an Geduld einer Person mit wichtigen Aspekten ihres Lebens zusammenhängt. Man stelle sich kurz einmal vor, dass experimentelle Entscheidungen nur rein zufällig getroffen würden. Dann wäre es nicht möglich, von einem systematischen Zusammenhang zwischen experimentell gemessenem Verhalten und anderen wichtigen Entscheidungen im Leben zu sprechen.

Deshalb muss an dieser Stelle einen Augenblick innegehalten und der Frage nachgegangen werden, ob das experimentell gemessene Verhalten über die Zeit hinweg hinreichend stabil ist. Weiter oben in diesem Abschnitt habe ich bereits darauf hingewiesen, dass die Muster der Entscheidungen im Kindergarten, in der Grundschule und in den Gymnasien nicht als zufällig zu bezeichnen sind. Die Diskussion der Ergebnisse dort hat aber noch nichts darüber ausgesagt, ob die Kinder und Jugendlichen bei einer Wiederholung des Experiments im Wesentlichen die gleichen Entscheidungen treffen würden.

Um diese Frage zu überprüfen, haben wir die Kinder und Jugendlichen aus den drei Studien zu einem späteren Zeitpunkt nochmals an demselben oder einem sehr ähnlichen Experiment teilnehmen lassen. Damit können wir messen, ob zwischen dem ersten und dem zweiten Experiment ein systematischer – in der Fachsprache als *statistisch signifikant* bezeichneter – Zusammenhang besteht.

Im Kindergarten konnten wir eine Wiederholung des Experiments mit denselben zwei Entscheidungen zwischen drei und 18 Tagen nach dem ersten Termin durchführen. Wenn die Kinder beim zweiten Mal vollkommen unabhängig vom ersten Mal entscheiden würden, dann würde man erwarten, dass nur ungefähr ein Viertel der Kinder genau die gleiche Entscheidungskombination wie beim ersten Mal wählen würde. Tatsächlich aber hatten über 60 Prozent der Kinder exakt dieselbe Kombination wie beim ersten Mal. Wer beispielsweise beim ersten Mal bei beiden Entscheidungen geduldig auf die größere Belohnung am Folgetag wartete, tat das mit sehr großer Wahrscheinlichkeit auch beim zweiten Mal. Der Zusammenhang ist systematisch, was bedeutet, dass die Kindergartenkinder über einen – hier relativ kurzen – Zeitraum im Wesentlichen dieselben Entscheidungen treffen. Mit anderen Worten: Das Verhalten ist im Großen und Ganzen replizierbar. Dafür spricht auch, dass weniger als zehn Prozent der Kinder in beiden Entscheidungen beim zweiten Mal genau das Gegenteil des ersten Mals machten. Auch dieser Anteil ist systematisch kleiner, als er bei zufälligen Entscheidungen zu erwarten wäre.

In den Grundschulen in Meran in Südtirol führten wir ein zweites Experiment zur Messung von Geduld ungefähr sechs Monate nach dem ersten Experiment durch. Dabei wurde das Experiment leicht verändert: Jedes Kind bekam fünf Punkte und musste entscheiden, wie viele Punkte es sofort in Geschenke umtauschen und wie viele Punkte es sich für mehr Geschenke in der Zukunft aufheben wollte. Jeder Punkt, der für die Zukunft gespart wurde, war in vier Wochen zwei Punkte wert. Das bedeutet, dass für jeden Punkt, den ein Kind zu Beginn bekam, die Wahl zwischen einem Geschenk sofort oder zwei Geschenken in vier Wochen bestand. Wenn zum Beispiel ein Kind alle fünf Punkte für die Zukunft aufsparte, dann bekam es nach vier Wochen zehn kleine Geschenke.

Die Anzahl der für die Zukunft gesparten Punkte misst hier das Ausmaß an Geduld. Nun kann man für jedes einzelne Kind zwei Maße miteinander vergleichen: erstens die Anzahl der geduldigen Entscheidungen im ersten Experiment (maximal drei) und zweitens die Anzahl der für die Zukunft gesparten Punkte im zweiten Experiment sechs Monate später (maximal fünf). Dieser Vergleich zeigt einen klaren und positiven Zusammenhang. Wer im ersten Experiment häufiger geduldig entscheidet, spart mehr Punkte für die Zukunft im zweiten Experiment. Somit sind auch im Grundschulalter die experimentellen Entscheidungen im Wesentlichen replizierbar. Das bedeutet, dass diese Experimente etwas messen, was nicht zufällig ist, sondern den Vorlieben eines Kindes entspricht, auch im Abstand von einem halben Jahr.

Zuletzt konnten wir mit ungefähr der Hälfte der Schüler in den Nordtiroler Gymnasien das Experiment zur Messung von Geduld wiederholen. Der zeitliche Abstand zwischen dem ersten und dem zweiten Experiment betrug hier sogar zwei Jahre. Die Aufgabe blieb exakt dieselbe wie beim ersten Mal. Die Schüler mussten also zwischen 10,10 Euro sofort und einem höheren Betrag wählen, der bis maximal 13,90 Euro ansteigen konnte. Vor der Durchführung zwei Jahre später wurden die Teilnehmer gefragt, ob sie sich noch an ihre Entscheidung beim ersten Mal erinnern könnten. Von über 300 Schülern gab lediglich eine Handvoll an, sich noch erinnern zu können, während das für alle anderen nicht der Fall war. Trotzdem konnte für alle Schüler ein sehr starker und systematischer Zusammenhang zwischen dem Verhalten beim ersten und beim zweiten Mal nachgewiesen werden. Wer beim ersten Mal geduldiger war, blieb auch beim zweiten Mal geduldiger. Das heißt, wer schon beim ersten Mal für kleine Beträge (zum Beispiel 10,50 Euro) gewartet hatte, wartete mit hoher Wahrscheinlichkeit auch beim zweiten Mal für kleine Beträge. Umgekehrt gilt damit aber auch, dass jemand, der beim ersten Mal sehr ungeduldig war und erst bei relativ hohen Beträgen (zum Beispiel 13,50 Euro) wartete, auch beim zweiten Mal ungeduldig blieb. Das ist deshalb bemerkenswert, weil die zweite Erhebung immerhin zwei Jahre nach der ersten stattfand und praktisch alle Teilnehmer angaben, sich an ihre Entscheidungen beim ersten Mal nicht mehr erinnern zu können.

Aus den Ergebnissen dieses Kapitels lässt sich abschließend festhalten, dass das experimentell gemessene Verhalten nicht einfach zufällig ist, sondern dass Kinder und Jugendliche – angefangen bereits im Kindergartenalter – sehr wohl über einen Zeitraum von einigen Tagen (bei den Kindergartenkindern), über einige Monate (bei den Grundschülern) bis zu wenigen Jahren (bei den Jugendlichen und jungen Erwachsenen) sehr ähnliche und systematisch zusammenhängende Entscheidungen treffen. Wer beim ersten Experiment im Vergleich zu seiner Altersgruppe geduldiger war, war es in der Regel beim zweiten Experiment auch. Der gleiche Zusammenhang gilt auch für relativ ungeduldige Personen. Auf der Basis dieser Stabilität des Verhaltens können wir im Folgenden die Zusammenhänge zwischen Geduld im Experiment und wichtigen Aspekten des Lebens untersuchen. Wir beginnen mit Gesundheit und Suchtverhalten.

GESUNDHEIT UND SUCHTVERHALTEN – WIE HÄNGT GEDULD DAMIT ZUSAMMEN?

Auf den allerersten Blick mag es überraschend wirken, dass ein experimentell erhobenes Maß für Geduld etwas mit dem Gesundheitszustand eines Menschen zu tun haben soll. Geduld kann in diesem Zusammenhang aber als Fähigkeit verstanden werden, einem Impuls für unmittelbare Belohnung widerstehen zu können, um auf eine bessere Möglichkeit in der Zukunft zu warten beziehungsweise darauf hinzuarbeiten. Viele Entscheidungen, die unsere Gesundheit beeinflussen, erfordern ein ähnliches Abwägen. Wenn jemand beispielsweise gerne sportlich fitter wäre, dann müsste er sich überwinden, um mit Training beziehungsweise regelmäßiger Bewegung zu beginnen. Das erfordert Konsequenz und Ausdauer, weil sich der sportliche Zustand nicht von heute auf morgen durch ein kurzes Jogging verbessern lässt. Es ist aber leider oft viel entspannender, im Fernsehen einem Fußballspiel oder den Bewerben bei Olympischen Spielen zuzusehen. Das Laufen – auch bei ungemütlichem Wetter – erfordert da deutlich mehr Überwindung. Wer abnehmen möchte, muss einerseits der Versuchung widerstehen, die gewohnte – meist zu große – Menge an Essen zu sich zu nehmen, andererseits aber auch gesündere Speisen essen und sich mehr bewegen. Wie leicht erliegt man der Versuchung einer guten Tafel Schokolade, obwohl der gesunde Apfel in der Obstschale daneben liegt. Ein weiteres Beispiel betrifft den Wunsch vieler Menschen, sich das Rauchen abzugewöhnen. Das erfordert ebenfalls kurzfristig einen Verzicht auf den Genuss des Rauchens, um langfristig einen besseren Gesundheitszustand zu erreichen.

Dieses Abwägen zwischen Gegenwart und Zukunft liefert die Voraussetzung dafür, dass es einen Zusammenhang zwischen experimentellen Studien zur Geduld und dem Gesundheitszustand von Menschen geben *kann*. Man spricht in diesem Zusammenhang von einer statistischen Korrelation. Eine Korrelation misst, wie sich eine Messgröße entwickelt, wenn sich eine andere Messgröße in einer bestimmten Richtung verändert. Beispielsweise betrifft das die Frage, ob ungeduldigere Menschen auch häufiger rauchen und eher übergewichtig sind. Dabei bleibt die Frage offen, ob Rauchen die Menschen ungeduldiger macht oder ob ungeduldige Menschen eher Raucher sind. Der Zusammenhang kann in beide Richtungen gehen und es können auch Wechselwirkungen bestehen. Damit sagt eine Korrelation noch nichts über Kausalität aus. Kausal wäre ein Zusammenhang dann, wenn das eine – etwa die Geduld im Experiment – das andere – etwa die gesunde Lebensweise – unmittelbar bedingen würde. Das lässt sich in unserem Zusammenhang nicht mit Sicherheit feststellen. Die in diesem Kapitel präsentierte Evidenz begnügt sich damit, dass bestimmtes Verhalten im Experiment Hand in Hand geht mit Verhaltensweisen im normalen Alltag, die die Gesundheit betreffen. Das „Hand-in-Hand-Gehen" meint dabei, dass beides gleichzeitig beobachtbar ist. Die Längsschnittstudien in Kapitel 6 werden noch zeigen, dass das Maß an Geduld und Selbstkontrolle im Kindesalter eine gute Prognose dafür liefert, ob jemand als Erwachsener raucht, Alkohol trinkt oder übergewichtig ist.

Rauchen und Alkohol in der Jugend

In der Studie mit den 661 Nordtiroler Schülern wurden neben der Messung der Geduld in finanziellen Entscheidungen – bei denen die Teilnehmer zwischen 10,10 Euro sofort und einem größeren Betrag in drei Wochen wählen mussten – mittels eines Fragebogens auch Informationen über das Freizeitverhalten, das Verhalten in der Schule und die schulische Leistung erhoben. In diesem Kapitel sind die Fragen nach dem Rauchen und Trinken relevant. Die Schüler wurden gefragt, ob sie einen Teil ihres verfügbaren Geldes auch für Alkohol oder Zigaretten ausgeben. Diese beiden Fragen waren Bestandteil eines sehr viel längeren Fragebogens. Alle Antworten – ebenso wie die Entscheidungen im Experiment – blieben anonym. Die Zuordnung der Experimentdaten zu den Fragebogendaten erfolgte lediglich über einen anonymen Code.

Die beiden Fragen nach den Ausgaben für Alkohol und Zigaretten ließen als Antwort nur ein „Ja" oder ein „Nein" zu, um nicht nach Intensitäten beziehungsweise Häufigkeiten des Tabak- oder Alkoholkonsums zu fragen. Beide Fragen wurden mehrere Monate später denselben Schülern in anderen Fragebögen und anderen Formulierungen nochmals gestellt. Die Antworten bei der ersten und zweiten Befragung waren fast vollständig identisch, was nahelegt, dass die Antworten der Schüler im Wesentlichen wahrheitsgemäß sind.

Die Ergebnisse zeigen einen klaren Zusammenhang: Wer im Experiment ungeduldiger ist und lieber den kleineren Betrag von 10,10 Euro sofort als einen größeren in der Zukunft wählt, gibt auch mit höherer Wahrscheinlichkeit Geld für Alkohol und Zigaretten aus. Um Missverständnissen vorzubeugen: Es ist natürlich nicht so, dass jeder, der relativ ungeduldig ist, automatisch raucht und Alkohol trinkt. Die ermittelten Zusammenhänge sind statistischer Natur. Das lässt sich an einem Beispiel illustrieren: Nehmen wir die Figuren Clara und Elke, die wir im Einleitungskapitel kennengelernt haben. Angenommen, Clara und Elke hatten im Alter von 16 Jahren die Gelegenheit, in einem Experiment zwischen 10,10 Euro sofort und einem höheren Betrag in drei Wochen zu wählen. Clara wartete für einen zusätzlichen Euro mehr (also für 11,10 Euro) drei Wochen. Elke hingegen musste man 13,10 Euro in drei Wochen anbieten, damit sie auf die 10,10 Euro verzichtete. Für jeden Betrag unter 13,10 Euro wählte Elke hingegen den sofortigen Betrag. In diesem Beispiel musste man Elke also zwei Euro mehr anbieten, damit sie wartete. Aus den Ergebnissen mit den Nordtiroler Schülern ergibt sich, dass ein solcher Unterschied von zwei Euro Auswirkungen der folgenden Größenordnung hat: Wer zwei Euro mehr geboten bekommen muss, um zu warten, hat eine um fünf Prozent höhere Wahrscheinlichkeit, Geld für Alkohol auszugeben, und eine um zwei bis drei Prozent höhere Wahrscheinlichkeit zu rauchen. Diese Prozentzahlen mögen auf den ersten Blick gering erscheinen, aber wenn ein Schüler über mehrere Jahre hinweg eine erhöhte Wahrscheinlichkeit hat, das Rauchen oder Trinken von Alkohol anzufangen, kann das enorme langfristige Auswirkungen auf seinen Gesundheitszustand haben, weil das Aufhören so schwerfällt.

Bei der Vorstellung dieser Ergebnisse auf internationalen Fachtagungen haben wir immer wieder folgenden Einwand zu hören bekommen, der den Kern der Frage nach der Kausalität berührt: Zuhörer fragten, ob die Jugendlichen, die rauchen und Alkohol trinken, eventuell deswegen im Experiment ungeduldige Entscheidungen trafen – also häufiger die 10,10 Euro sofort wählten –, weil sie nach dem Experiment gleich die nächste Packung Zigaretten oder ein Bier kaufen wollten. Dann wäre es so, dass das Rauchen und Alkoholtrinken das Verhalten im Experiment verursachen würde und nicht umgekehrt. Dieser Einwand hat uns dazu motiviert, einen Teil dieser Jugendlichen über drei weitere Jahre zu begleiten, um auf diese Kritik fundiert antworten zu können. Die Ergebnisse dazu werden zu Beginn von Kapitel 6 präsentiert.

Rauchen und Alkohol bei Erwachsenen

Rauchen beeinträchtigt langfristig die menschliche Gesundheit enorm und kann bei häufigem und starkem Konsum im wahrsten Sinne des Wortes tödlich sein. Die pharmakologische Forschung interessiert sich nicht nur für die Wirkung von Nikotin auf den menschlichen Organismus, sondern wendet auch verhaltensökonomische Methoden an, um festzustellen, ob Raucher und Nichtraucher im Hinblick auf ihre Geduld unterschiedliche Eigenschaften aufweisen. Ein Forschungsteam um Yu Ohmura von der Hokkaidō-Universität in Japan ließ 50 Raucher und Nichtraucher mit einem Durchschnittsalter von 24 Jahren mehrere hypothetische Entscheidungen treffen: Wähle zwischen 100.000 Yen (ungefähr 750 Euro) in der Zukunft – entweder in einer Woche, einem Monat, sechs Monaten, einem Jahr oder fünf Jahren – und einem geringeren Betrag zwischen 5.000 und 100.000 Yen in der Gegenwart. Die Forschergruppe fand heraus, dass in allen diesen Entscheidungen aktive Raucher mit einer höheren Wahrscheinlichkeit den kleineren Betrag wählten als Nichtraucher. Interessanterweise war diese Wahrscheinlichkeit sogar davon abhängig, wie viele Zigaretten ein Raucher pro Tag rauchte. Dazu maßen die Forscher die Menge an Nikotin, die ein Raucher kürzlich zu sich genommen hatte. Je größer diese Menge war, desto eher wählten Raucher den kleineren, aber früher verfügbaren Betrag. Die Autoren vermuten, dass dieser Befund neuropsychopharmakologisch erklärt werden kann. Chronischer Nikotinkonsum führt zu einer adaptiven Veränderung in den neuronalen Netzwerken des menschlichen Gehirns, wodurch Selbstkontrolle erschwert wird.

Den Zusammenhang zwischen Geduld und Rauchen beleuchteten Matt Field und Koautoren von der Universität Liverpool aus einer anderen interessanten Perspektive. Jeder von uns hat vermutlich schon die Nervosität beobachtet, die intensive Raucher befällt, wenn sie längere Zeit nicht rauchen können oder dürfen. Die Studie aus Liverpool untersuchte mit 30 relativ starken Rauchern, ob Nikotinabstinenz einen Einfluss auf die Wahl bei finanziellen Entscheidungen zwischen Gegenwart und Zukunft hat. Dazu mussten die Teilnehmer der Studie im Abstand einer Woche zweimal dieselben Entscheidungen zwischen einem kleineren, aber früheren Betrag und einem größeren Betrag in der Zukunft treffen. Im einen Fall durften die Teilnehmer mindestens 13 Stunden vor dem Experiment keine Zigarette mehr rauchen (was sich physiologisch überprüfen lässt), im anderen Fall gab es diesbezüglich keine Einschränkungen. Die Studie fand heraus, dass Nikotinentzug für mindestens 13 Stunden die Raucher wesentlich ungeduldiger macht. Mit anderen Worten, die Raucher wählten mit höherer Wahrscheinlichkeit den kleineren Betrag sofort als den größeren Betrag in einer Woche, wenn sie für längere Zeit nicht rauchen konnten. Die Ergebnisse aus Japan zeigen also, dass Raucher ungeduldiger als Nichtraucher sind, und die Ergebnisse aus Liverpool vertiefen diese Einsicht noch dadurch, dass Raucher, die für mehrere Stunden auf das Rauchen verzichten, noch ungeduldiger sind als Raucher, die ihrer Leidenschaft (oder Sucht) ungehindert nachgehen können. Die Wirkungen der Abstinenz scheinen wieder mit bestimmten Gehirnfunktionen zusammenzuhängen. Abstinenz reduziert die Dopaminfunktion im Nucleus accumbens, dem sogenannten Belohnungszentrum im menschlichen Gehirn. Aus Tierstudien weiß man, dass die Hemmung von Dopamin in diesem Gehirnbereich impulsiveres Verhalten nach sich zieht, was bedeutet, dass Warten schwieriger wird. Ein ähnlicher Effekt wird auch bei regelmäßigen Rauchern vermutet, wenn sie abstinent sein müssen.

Ähnlich wie beim Rauchen kann auch der Konsum von Alkohol in großen Mengen sehr gesundheitsschädlich wirken. Verhaltensökonomische Studien zeigen, dass sich Personen, die nur gelegentlich und in geringen Mengen Alkohol trinken, im Hinblick auf ihre Geduld nicht von Personen unterscheiden, die praktisch keinen Alkohol trinken. Das ist anders bei Personen, die sehr viel trinken, und bei solchen, die bereits als Alkoholiker bezeichnet werden müssen. Wenn diese Gruppe von Menschen mit starkem Alkoholkonsum Entscheidungen zwischen einem geringeren Geldbetrag in der Gegenwart und einem größeren Betrag in der Zukunft treffen muss, dann wählt sie sehr viel häufiger den geringeren Geldbetrag in der Gegenwart, als das eine Kontrollgruppe von Menschen tut, die nur selten oder gar keinen Alkohol trinkt, sonst aber vergleichbare Eigenschaften (im Hinblick auf das Alter, den Beruf und die Ausbildung) hat. Das bedeutet, dass Menschen, die sich in einem Vorstadium der Alkoholsucht befinden oder bereits süchtig sind, deutlich weniger zukunftsorientierte Handlungen treffen, als das Menschen ohne Suchtverhalten tun. Sucht hat offenbar etwas mit Selbstkontrolle und der Geduld bei der Verfolgung langfristiger Ziele zu tun. Das leitet direkt zur nächsten Frage über, wie Drogenabhängigkeit oder Spielsucht auf die Entscheidungen von Menschen wirken, wenn sie Gegenwart und Zukunft gegeneinander abwägen müssen.

Drogen und Spielsucht

Suchtverhalten ist verbunden mit einer Störung der Impulskontrolle. Dabei geht es um die kurzfristige Stillung eines Verlangens, etwa einen Rauschzustand zu erreichen, Euphorie zu empfinden oder Angstzustände zu überwinden. Das behindert aber langfristige Zielen, wie ein drogenfreies und gesünderes Leben. Da die negativen Konsequenzen von Suchtverhalten meist nicht unmittelbar, sondern in der Zukunft erfolgen, ist zu erwarten, dass Menschen mit Suchtverhalten bei der Abwägung von Gegenwart und Zukunft stärker gegenwartsorientiert sind und der Zukunft weniger Gewicht beimessen. Je unbedeutender jemand die Zukunft einschätzt, umso weniger stark fallen negative Konsequenzen in der Zukunft bei der heutigen Entscheidung ins Gewicht.

Suchtverhalten kann verschiedene Formen annehmen. Drogenabhängigkeit, etwa in Bezug auf Heroin oder Kokain, ist eine Form davon. Spielsucht ist eine andere Form. Bei Letzterer können Menschen nicht aufhören, permanent ihr Glück an Spielautomaten, im Spielcasino oder auch bei Aktienspekulationen herauszufordern. Ein Gewinn schafft nur sehr kurzfristige Befriedigung und schon sehr schnell versucht ein süchtiger Spieler, noch mehr zu gewinnen. Dabei werden unter Umständen in kürzester Zeit Unsummen an Geld verspielt und so führt Spielsucht in vielen Fällen zum finanziellen Ruin.

Nancy Petry und Thomas Casarella von der Universität Connecticut ließen 81 drogenabhängige und spielsüchtige Menschen hypothetische Entscheidungen zwischen einem größeren Betrag in der Zukunft und einem kleineren Betrag sofort treffen. Der größere Betrag betrug dabei immer 1.000 Dollar und sollte in einer Bandbreite von sechs Stunden nach dem Experiment bis zu 25 Jahren danach verfügbar sein. Es ist bemerkenswert, wie stark sich diese Gruppen von einer Kontrollgruppe mit ungefähr gleichem Alter unterschieden. Zur Illustration sei der Fall dargestellt, bei dem die 1.000 Dollar in fünf Jahren verfügbar gewesen wären und die Teilnehmer alternativ einen kleineren Betrag sofort hätten bekommen können.

Mitglieder der Kontrollgruppe schätzten im Schnitt 1.000 Dollar in fünf Jahren ungefähr als gleich attraktiv ein wie 550 Dollar heute. Diese Gruppe würde also bei Beträgen über 550 Dollar sofort den heutigen Betrag wählen, bei Beträgen unter 550 Dollar sofort aber auf die 1.000 Dollar in fünf Jahren warten. Für die Gruppe der Drogenabhängigen waren bereits 350 Dollar heute ungefähr so attraktiv wie 1.000 Dollar in fünf Jahren. Diese Gruppe würde also beispielsweise 400 Dollar sofort nehmen, während die Kontrollgruppe anstelle der 400 Dollar sofort lieber auf die 1.000 Dollar in der Zukunft warten würde. Innerhalb der Gruppe der Drogenabhängigen waren wiederum jene Personen bereit, für noch geringere sofortige Auszahlungen auf die 1.000 Dollar in der Zukunft zu verzichten, die mit anderen Abhängigen ihre Nadeln teilten (was als lebensbedrohlich einzustufen ist). Diese Personen waren noch ungeduldiger als jene Abhängigen, die ihre Nadeln nur für sich selbst benutzten.

Zuletzt untersuchten die Studienautoren auch Teilnehmer, die sowohl Drogen konsumierten als auch als spielsüchtig diagnostiziert waren. Diese Gruppe hielt bereits 100 Dollar sofort für gleich attraktiv wie 1.000 Dollar in fünf Jahren. Beispielsweise würden also diese Personen 150 Dollar sofort nehmen und auf die 1.000 Dollar in fünf Jahren verzichten. Keine der vorhin beschriebenen Gruppen würde im Schnitt für 150 Dollar die 1.000 Dollar später ausschlagen. Es ist im Übrigen nicht selten der Fall, dass Spielsucht mit anderen Abhängigkeiten einhergeht. Die Kombination aus mehreren Abhängigkeiten bei der letzten Gruppe an Teilnehmern führte offenbar zu den „ungeduldigsten Entscheidungen" im Vergleich zu allen anderen Gruppen.

Übergewicht und sportliche Betätigung

Wenn Menschen über einen längeren Zeitraum deutlich übergewichtig sind, dann ist das oft ein Wegbereiter für zukünftig auftretende Krankheiten, zum Beispiel Bluthochdruck, Diabetes, Atembeschwerden oder Herzerkrankungen. Die Wahrscheinlichkeit, an diesen Krankheiten zu erkranken, ist für übergewichtige Personen bis zu doppelt oder dreifach so hoch wie für normalgewichtige Personen. Weil solche Erkrankungen auch enorme volkswirtschaftliche Folgekosten haben – wie etwa Berufsunfähigkeit, Behandlungskosten, Rehabilitationskosten –, interessieren sich in den letzten Jahren mehr und mehr Ökonomen für das Phänomen Übergewicht und den Zusammenhang mit persönlichen Gewohnheiten oder Eigenschaften. Im Kontext dieses Buches interessiert uns, ob Übergewicht mit Entscheidungen zu tun hat, bei denen man zwischen der Gegenwart und der Zukunft abwägen muss. Im Folgenden werden wir solche Entscheidungen der Kürze halber auch oft als intertemporale Entscheidungen bezeichnen.

Ein Forschungsteam von Ökonomen um Christopher Chabris und David Laibson von der Harvard-Universität ließ 146 Personen aus Boston und Umgebung in einem Experiment zwischen kleineren, aber sofort ausbezahlten Beträgen und größeren Beträgen in der Zukunft wählen. Aus den 27 getroffenen Entscheidungen errechneten die Studienautoren eine durchschnittliche Diskontrate. Eine solche Diskontrate gibt an, um wie viel weniger ein bestimmter Betrag in der Zukunft wert ist im Vergleich zu einem Betrag heute. Mit anderen Worten gibt die Diskontrate an, auf wie viel mehr Geld in der Zukunft jemand zu verzichten bereit ist, wenn er dafür einen kleineren Betrag sofort bekommen kann. Die durchschnittliche Diskontrate der Experimentteilnehmer in Boston betrug 1,5 Promille pro Tag. Demzufolge schätzten diese Teilnehmer 100 Euro morgen als gleich attraktiv ein wie 99,85 Euro heute. Höhere Diskontraten bedeuten mehr Ungeduld. Jemand mit einer Diskontrate von vier Promille pro Tag schätzt 100 Euro morgen gleich ein wie 99,60 Euro heute. Das heißt, wenn man einer solchen Person 99,60 Euro oder mehr bietet (jedoch weniger als 100 Euro), dann wählt diese Person die sofortige Auszahlung. Jemand mit einer Diskontrate von nur einem Promille pro Tag muss mindestens 99,90 Euro bekommen, um den sofortigen Betrag anstelle der 100 Euro morgen zu wählen. Eine solche Person bezeichnen wir als geduldiger.

Die Studie aus Harvard berechnete für jeden Teilnehmer die Diskontrate aus den 27 getroffenen Entscheidungen und untersuchte den Zusammenhang dieser Diskontrate mit dem Body Mass Index (BMI). Der BMI ist definiert als Körpergewicht in Kilogramm, dividiert durch die quadrierte Körpergröße in Zentimetern. Der BMI ist heutzutage ein gebräuchliches Maß für die Einschätzung des Körpergewichts als untergewichtig (BMI unter 20), normal gewichtig (20–25), übergewichtig (25–30) oder gar fettleibig (über 30). Die Daten von Laibson und Kollegen zeigen, dass Teilnehmer mit einer höheren Diskontrate im Experiment mit höherer Wahrscheinlichkeit übergewichtig oder gar fettleibig waren. Besonders zu betonen ist die Erkenntnis der Autoren, dass die persönliche Diskontrate den höchsten Erklärungsgrad für die Schwankungen des BMI zwischen verschiedenen Teilnehmern hat, während andere Faktoren – wie Geschlecht, Alter, Ausbildung oder psychische Faktoren – weniger gut geeignet sind, um die Schwankungen des BMI zu erklären. Das bedeutet, dass intertemporale Entscheidungen einen besonders starken Zusammenhang mit dem Gewicht der Teilnehmer hatten.

Dieselbe Gruppe an Teilnehmern wurde auch zu ihrer sportlichen Betätigung befragt. Konkret wurden Daten über die durchschnittliche Anzahl an Stunden erhoben, die die Teilnehmer pro Woche für körperliche Ertüchtigung und sportliche Tätigkeiten aufwenden. Auch hier zeigte sich ein systematischer Zusammenhang zur Diskontrate im Experiment. Studienteilnehmer mit geringeren Diskontraten – die geduldigen Probanden – wandten mehr Zeit für körperliche Ertüchtigung auf als Teilnehmer mit höheren Diskontraten. Es ist angesichts der bisher präsentierten Ergebnisse fast überflüssig zu erwähnen, dass in der Studie von Laibson die ungeduldigeren Teilnehmer – also jene mit den höheren Diskontraten – auch mit höherer Wahrscheinlichkeit und Intensität geraucht haben.

In Summe zeigen die Befunde dieses Kapitels einen klaren Zusammenhang zwischen Geduld und einem gesunden Lebensstil. Als Nächstes folgt die Frage, ob sich Geduld auch in beruflicher und finanzieller Hinsicht auszahlt. Um diese Frage fundiert beantworten zu können, ist es notwendig, ein kurzes Kapitel einzuschieben, in dem es im Prinzip nochmals um die Neujahrsvorsätze geht, die die Figur der Elke im Einleitungskapitel gefasst hat. Konkret geht es darum, wie man messen kann, ob jemand im Hier und Jetzt ungeduldig, aber in den Plänen für die Zukunft geduldig ist.

KAPITEL 4

ZEITINKONSISTENTE ENTSCHEIDUNGEN ODER: IST GEDULD IN DER ZUKUNFT LEICHTER?

Stellen Sie sich vor, Sie werden vor die Wahl gestellt, 100 Euro jetzt gleich oder 101 Euro am nächsten Tag zu bekommen. Was würden Sie wählen? Wenn Sie die 100 Euro wählen würden, wären Sie in guter Gesellschaft. Ungefähr 70 bis 80 Prozent an Experimentteilnehmern wählen bei einer solchen Entscheidung die 100 Euro sofort und warten nicht auf den einen Euro mehr am nächsten Tag. Das ist bemerkenswert, weil eine Verzinsung von einem Prozent in einem Tag eine sehr beachtliche Rendite ist. Kein Bankhaus der Welt zahlt solche Zinsen. Und doch wählt die große Mehrheit die 100 Euro sofort anstelle der 101 Euro am nächsten Tag. Wegen des einen Euros mehr zahlt sich offenbar die Wartezeit von einem Tag für die meisten Menschen nicht aus.

Ein häufiger Versuch zur Erklärung dieses Verhaltens liegt im Argument, dass man lieber einen bestimmten Betrag sicher in Händen hält, als einen größeren Betrag zu wählen, der mit Unsicherheit behaftet ist. Die Unsicherheit besteht beispielsweise darin, dass der Studienleiter am morgigen Tag sich nicht mehr an sein Versprechen – morgen die 101 Euro zu bezahlen – halten könnte. Diesem Argument kann man damit begegnen, dass man Experimentteilnehmern, die die 101 Euro am nächsten Tag wählen, am Tag des Experiments einen Scheck überreicht, der auf den nächsten Tag datiert und erst dann einlösbar ist. Die Ergebnisse bleiben in diesem Fall dieselben. Die große Mehrheit wählt die 100 Euro sofort. Die Unsicherheit allein kann also nicht der entscheidende Punkt sein. Manchmal wird auch argumentiert, dass Menschen die 100 Euro sofort wählen, weil das mit weniger Aufwand verbunden ist, als wenn man die 101 Euro wählt. Das könnte ein plausibles Argument sein, wenn der Aufwand, an das Geld zu gelangen, sehr unterschiedlich wäre. Angenommen, man würde die 100 Euro sofort einfach als Bargeld erhalten, müsste für die 101 Euro morgen aber an den Ort des Experiments zurückkehren, was Zeit und Geld für die Anfahrt kosten würde, dann wäre es leicht verständlich, warum die Mehrheit die 100 Euro sofort wählt. Aber auch dieses Argument hält bei einer sauberen methodischen Umsetzung der Forschungsfrage nicht stand. Wenn man etwa sowohl die 100 Euro als auch die 101 Euro am Ende des Experiments sofort als Scheck auszahlt – einmal datiert auf den Tag des Experiments, einmal auf den nächsten Tag –, dann ist der Aufwand, den Scheck einzulösen, immer derselbe. Wenn man am Ende des Experiments die 100 Euro bar auszahlt, kann man den Aufwand für einen Teilnehmer auch dadurch gleich halten, dass man die 101 Euro am nächsten Tag persönlich an einen vom Teilnehmer bestimmten Ort bringt. Auch solche Forschungsprojekte sind gemacht worden. Wiederum bleibt der Anteil der Teilnehmer, die den kleineren Betrag sofort nehmen, sehr hoch – bei ungefähr 70 bis 80 Prozent.

Stellen Sie sich nun vor, dass Sie eine Wahl treffen müssten zwischen 100 Euro in einem Jahr und 101 Euro in einem Jahr und einem Tag. Was würden Sie jetzt wählen? Wäre es dieselbe Wahl wie beim eingangs beschriebenen Beispiel zwischen 100 Euro sofort und 101 Euro am nächsten Tag?

Tatsächlich wählen die allermeisten Menschen die 101 Euro in einem Jahr und einem Tag. Es sind meist mehr als 80 Prozent. Auf die Frage nach dem Grund für diese Wahl geben die meisten Menschen an, dass es doch nicht auf den einen Tag zusätzlich ankommt, wenn man eh schon ein Jahr lang warten muss, und dass sie deshalb lieber die 101 Euro in einem Jahr und einem Tag wählen.

Nüchtern betrachtet sind beide Entscheidungen eigentlich gleich. In beiden Fällen muss man einen Tag mehr zuwarten, um einen Euro zusätzlich zu erhalten. In beiden Fällen entspricht dieser Euro genau einem Prozent des Betrags, den man früher bekommen kann, nämlich die 100 Euro. Die Verzinsung ist also auch in beiden Fällen gleich. Und trotzdem kehren sich die Entscheidungen bei ganz vielen Menschen um, wenn sie beide Entscheidungen treffen müssen. Das heißt, es gibt ganz viele Menschen, die bei der ersten Entscheidung die 100 Euro sofort wählen (anstelle der 101 Euro am nächsten Tag), bei der zweiten Entscheidung aber die 101 Euro in einem Jahr und einem Tag (anstatt der 100 Euro in einem Jahr).

Man nennt eine solche Kombination von Entscheidungen *zeitinkonsistentes* Verhalten. Von Zeitinkonsistenz spricht man deshalb, weil es für die Entscheidungen eines Menschen eigentlich keinen Unterschied ausmachen sollte, ob die Wahl zwischen zwei identischen Alternativen – 100 Euro einen Tag früher als 101 Euro – für heute, morgen, in einer Woche, einem Monat oder einem Jahr getroffen wird. Tatsächlich aber tut es das.

Es ist wichtig zu betonen, dass Zeitinkonsistenz an sich noch nichts darüber aussagt, ob jemand mehr oder weniger geduldig in seinen finanziellen Entscheidungen ist. Wenn jemand in beiden Entscheidungen die 100 Euro wählt, dann ist das zeitkonsistentes Verhalten. Wer in beiden Fällen die 101 Euro wählt, handelt ebenfalls zeitkonsistent, obwohl diese Person als geduldiger eingestuft würde. Zeitinkonsistenz bezieht sich also darauf, ob das Abwägen zwischen einem früheren, aber kleineren Betrag und einem größeren, aber späteren Betrag davon abhängig ist, wann der frühere Betrag verfügbar ist. Das heißt, dass im Fall von zeitinkonsistenten Entscheidungen jemand seine Wahl verändert, je nachdem, zu welchen Zeitpunkten identische Alternativen gegeneinander abgewogen werden müssen.

Zeitinkonsistentes Entscheidungsverhalten ist auch dann gegeben, wenn jemand bei der ersten Entscheidung die 101 Euro am Tag nach dem Experiment wählt, in der zweiten Entscheidung aber die 100 Euro in einem Jahr. Diese Form der Zeitinkonsistenz – bei der man auch von einem *Zukunfts-Bias* des Entscheiders spricht – ist aber viel seltener als jene Form, bei der jemand zuerst den kleinen Betrag wählt, wenn er sofort erhältlich ist, aber den großen Betrag, wenn er auch für den kleinen Betrag schon warten muss. Bei dieser Form der Zeitinkonsistenz spricht man von einem *Gegenwarts-Bias*. Wenn etwas sofort verfügbar ist, man auf ein besseres Ergebnis aber warten muss, dann sind die meisten Menschen eben ungeduldiger, als wenn das Abwägen nur Möglichkeiten in der Zukunft betrifft. Es ist wichtig festzuhalten, dass auch die Begriffe Zukunfts-Bias und Gegenwarts-Bias noch nichts darüber aussagen, ob jemand an sich geduldiger oder ungeduldiger ist. Zeitkonsistente oder zeitinkonsistente Entscheidungen betreffen deshalb eine zweite Dimension von Geduld, die zu unterscheiden ist vom Grad an Geduld, den jemand hat. Vereinfacht ausgedrückt geht es bei der zweiten Dimension um die Frage, ob das Warten von heute auf morgen anders bewertet wird als das Warten von morgen auf übermorgen.

Ganz offenbar ist das bei vielen Menschen der Fall. Hier sind einige weitere Beispiele, die das für unterschiedlichste Entscheidungen illustrieren: Wenn man Menschen die Wahl gibt, ob sie in einer Woche als Jause zwischen den Mahlzeiten gesundes Obst oder Schokolade bekommen wollen, dann wählen üblicherweise etwa 70 Prozent das gesunde Obst. In der Planung für die Zukunft obsiegt also in der Mehrheit der Wunsch, sich gesund und nicht zu kalorien- und fettreich zu ernähren. Wenn die Wahl allerdings darin besteht, ob man sofort lieber Obst oder Schokolade haben möchte, dann wählen 70 Prozent der Menschen die Schokolade. Auch dies ist ein Beispiel für zeitinkonsistente Entscheidungen, weil die Wahl in beiden Szenarien exakt dieselbe ist und es damit eigentlich keinen Unterschied ausmachen sollte, wann die Wahl relevant für den eigenen Konsum wird.

Ein ganz anderes Beispiel betrifft die Wahl, welchen Film jemand ansehen möchte. Unterhaltsame Filme bedürfen weniger Anstrengung und sind leichter zu konsumieren als Filme mit ernsten Themen, die einem „unter die Haut" gehen. In den 1990er Jahren wurden etwa Studierende befragt, welchen von zwei Filmen sie als Belohnung für die Teilnahme an einem Experiment gerne bekommen würden. Zur Auswahl standen die Komödie „Vier Hochzeiten und ein Todesfall" mit dem charmanten Hugh Grant und die Verfilmung von „Schindlers Liste" über den Holocaust und die Rettung von über tausend Juden durch den Industriellen Oskar Schindler. Wenn der Film sofort mitgenommen werden konnte, wählten zwei Drittel der Teilnehmer die Komödie. Wenn zwischen der Wahl des Films und dem Erhalt des Films eine Woche Abstand war, wählten nur mehr circa 40 Prozent die Komödie, und wenn der Abstand zwei Wochen betrug, wählten lediglich 30 Prozent die Komödie. Mit anderen Worten, je weiter in der Zukunft der Film erhältlich wurde, umso eher wählten die Teilnehmer den ernsteren Film.

In den bisherigen Beispielen lag zwischen einer sofortigen Entscheidung und einer Entscheidung für die Zukunft meist eine Spanne von einer Woche oder noch mehr Zeit. Die Wartezeit war also recht beträchtlich. Das wirft die Frage auf, ob zeitinkonsistentes Verhalten nur dann auftritt, wenn die Wartezeit eine Woche oder mehr beträgt. Vielleicht ist es bei kurzen Wartezeiten nicht der Fall, dass es einen Unterschied ausmacht, ob jemand etwas sofort bekommen kann oder erst nach „ein bisschen" Warten. Wenn man beispielsweise Personen etwas sehr Salziges zu essen gibt, sie dann 20 Minuten lang einen Fragebogen beantworten lässt und dann vor die Entscheidung stellt, zwischen einem Becher Wasser sofort und zwei Bechern Wasser in fünf Minuten zu wählen, dann wählen mehr als die Hälfte – ungefähr 60 Prozent – den einen Becher Wasser sofort. Aus ernährungswissenschaftlicher Sicht wäre es aber viel besser, die fünf Minuten zuzuwarten, weil die doppelte Menge Wasser den Durst, den die sehr salzhaltige Speise verursacht, um ein Vielfaches wirksamer stillt als nur ein Becher Wasser. Wenn man nun andere Personen ebenfalls etwas sehr Salziges essen lässt, sie dann aber sofort fragt, ob sie – nach dem Bearbeiten des Fragebogens – in 20 Minuten einen Becher Wasser oder lieber in 25 Minuten zwei Becher Wasser haben möchten, dann wählen 70 Prozent die zwei Becher Wasser anstelle der circa 40 Prozent in der ersten Entscheidungssituation. Zeitinkonsistente Entscheidungen können also sogar innerhalb weniger Minuten auftreten. Wenn man etwas nicht gleich, sondern nur einige Minuten später – und damit in der Zukunft – haben kann, kann das menschliche Entscheidungen schon stark beeinflussen. Wenn alle Optionen in der Zukunft liegen, treffen Menschen häufig geduldigere

Entscheidungen, die weniger gegenwartsorientiert, sondern stärker zukunftsorientiert sind.

Zum Schluss dieses Kapitels kommen wir noch einmal auf die Neujahrsvorsätze zurück, die im einleitenden Kapitel bei der Szene mit Clara und Elke eine Rolle gespielt haben. Solche Vorsätze haben üblicherweise die Form, dass man morgen – am Neujahrstag – mit etwas beginnt und das dann auch durchhalten will. Ab morgen etwa mit dem Rauchen aufzuhören, mehr Sport zu treiben, früher auf Prüfungen zu lernen, weniger fernzusehen oder mehr Zeit mit den eigenen Kindern zu verbringen, ist aber etwas ganz anderes, als diese Dinge heute, also sofort, zu tun. Es fällt viel leichter, die Vorsätze morgen erfüllen zu wollen – das heißt, Selbstkontrolle auszuüben und im Sinne unserer experimentellen Entscheidungen geduldiger zu werden –, als das sofort zu tun. Mit anderen Worten: Wenn man heute schon mit einem Vorsatz – etwa mit dem Rauchen aufzuhören – beginnen will (damit man ab morgen gesünder lebt), fällt das schwerer, als wenn man das erst morgen tun will (um ab übermorgen gesünder zu leben). Während wir also heute Schwierigkeiten damit haben, eigene Schwächen und Unzulänglichkeiten abzustellen – zum Beispiel ungesunde Ernährung, zu wenig Bewegung, zu hohe Ausgaben für unnötigen Konsum, zu geringes Sparen für die Altersvorsorge, zu kurzes Lernen auf die nächste Prüfung oder unzureichende Vorbereitung auf die nächste Projektbesprechung im Beruf –, glauben wir häufig, dass uns das morgen gelingen wird. Wenn aber das Morgen kommt, dann beginnt das Problem von Neuem. Denn dann müssen wir wieder wählen zwischen Handlungen, die eher kurzfristig Vergnügen bereiten – Geld beim Shopping auszugeben, Schokolade zu essen, ein Fußballspiel im Fernsehen anzuschauen –, und Handlungen, die im ersten Moment Überwindung erfordern, aber längerfristig nützlich sind – für die nächste große Ausgabe zu sparen, sich gesund zu ernähren oder anstatt fernzusehen selbst Sport zu treiben.

Das Hier und Jetzt hat besonderes Gewicht für menschliche Entscheidungen, wie dieses Kapitel veranschaulichen sollte. Wenn etwas sofort erhältlich ist, bekommt es mehr Gewicht im Vergleich zu einer Alternative, die etwas später verfügbar ist, als wenn beide Dinge erst in der Zukunft erhältlich sind. Menschen, die in ihrem Entscheidungsverhalten besonders stark von dieser Motivation beeinflusst werden, die also zeitinkonsistente Entscheidungen treffen, unterscheiden sich in wichtigen beruflichen und finanziellen Aspekten des Lebens sehr deutlich von Menschen, die keine zeitinkonsistenten Entscheidungen treffen. Das wird nun im folgenden Kapitel gezeigt.

DISZIPLIN, BERUFLICHER UND FINANZIELLER ERFOLG

Geduld und Disziplin

Zu Beginn dieses Kapitels über beruflichen und finanziellen Erfolg kommen wir noch einmal zurück zu den Nordtiroler Schülern im Alter von zehn bis 18 Jahren. Über deren experimentelle Entscheidungen bei der Wahl zwischen einem kleineren Betrag sofort und einem größeren Betrag in drei Wochen habe ich am Ende von Kapitel 2 berichtet. Für einen Großteil dieser Schüler konnten wir Informationen über die Verhaltensnote – natürlich in anonymisierter Form – erhalten. Wir fanden heraus, dass die Schüler mit den schlechteren Verhaltensnoten auch jene waren, die häufiger die 10,10 Euro sofort haben wollten, anstatt auf einen größeren Betrag in drei Wochen zu warten. Dieses Ergebnis fanden die Direktorinnen und Direktoren an den beteiligten Schulen besonders interessant. Unabhängige Studien anderer Forscherteams – etwa in mehreren Schulbezirken im Bundesstaat Georgia in den USA – bestätigen dieses Ergebnis. Offenbar besteht ein einfacher Zusammenhang zwischen experimentellen Entscheidungen und dem Verhalten im Schulalltag. Geduld zu haben bedeutet, einem spontanen Bedürfnis – etwa gleich nach einem Experiment Geld bekommen zu können – nicht sofort nachzugeben. Diese generelle Eigenschaft ist auch für das soziale Zusammenleben in einer Schule – und nicht nur dort – wichtig. Schüler mit schlechten Verhaltensnoten haben eine höhere Wahrscheinlichkeit, die Schulausbildung abzubrechen. Damit haben sie eine schlechtere Ausbildung, womit ein geringeres Einkommen einhergeht. Für die USA liegen etwa Daten vor, dass Schüler mit schlechten Verhaltensnoten in der achten Schulstufe – also ungefähr im Alter von 14 Jahren – circa zehn Jahre später im Durchschnitt ein um zehn

Prozent geringeres Einkommen als Schüler mit guten Verhaltensnoten haben. Dieser Zusammenhang mag nicht nur mit dem durchschnittlich geringeren Ausbildungsgrad zu tun haben, sondern auch generell mit der Bedeutung von gutem Verhalten. Gutes Verhalten in der Schule ist vergleichbar mit gutem Verhalten am Arbeitsplatz. An beiden Orten muss man pünktlich sein und im Falle des Fehlens eine triftige Entschuldigung haben. In der Schule wie am Arbeitsplatz gibt es Aufgaben, die innerhalb von Fristen bearbeitet werden müssen. Das Ansehen in der Schule und im Beruf hängt von der Qualität der geleisteten Arbeit ab, aber auch vom sozialen Verhalten im Klassenverbund beziehungsweise in der Kollegenschaft. Es gibt demnach viele Parallelen zwischen den Anforderungen an das Verhalten in der Schule und an jenes am Arbeitsplatz. Geduld im Experiment hängt mit der Disziplin in der Schule zusammen. Das wiederum hat Bedeutung für den späteren beruflichen Erfolg. Betrachten wir dazu zwei Beispiele aus dem Berufsleben.

Was haben Fernfahrer mit Geduld zu tun oder wie lange hält man in einem anstrengenden Job durch?

Der Beruf des Fernfahrers mag für manche Menschen – vor allem Männer – sehr attraktiv wirken, weil man dabei in die verschiedensten Ecken des Kontinents kommen kann. Abgesehen davon ist der Beruf aber auch sehr anstrengend, gekennzeichnet von hartem Wettbewerb, sehr engen Lieferterminen, knappen Ruhezeiten und wenig attraktiven (und familienunfreundlichen) Wochenenden auf Autobahnraststätten mit Übernachtung in der Fahrerkoje. Bei dieser Schilderung wird vielleicht schnell klar, dass man ein bestimmtes Durchhaltevermögen braucht, um diesen anstrengenden Beruf länger auszuüben.

Stephen Burks und Koautoren von der Universität Minnesota hatten die Gelegenheit, eine Studie mit 1.066 Fernfahrern als Versuchspersonen zu machen. Diese waren Trainees einer großen amerikanischen Spedition. Das heißt, sie wurden durch erfahrene Fahrer und durch Schulungen in die Aufgaben eingeführt und übernahmen bereits während der Ausbildung Aufträge für die Firma. Die Firma übernahm grundsätzlich die Ausbildungskosten in Höhe von circa 5.000 bis 10.000 Dollar pro Trainee und stellte diesen eine Übernahme in eine fixe Anstellung in Aussicht. Sollte jemand die Firma jedoch vor Ablauf von zwölf Monaten verlassen, sah der Ausbildungsvertrag die Rückzahlung der gesamten Ausbildungskosten durch den Trainee vor.

Stephen Burks und seine Kollegen konnten während zweier Ausbildungswochen Experimente mit den 1.066 Trainees machen, unter anderem ein Experiment zur Abwägung von Gegenwart und Zukunft. Der zukünftige Betrag betrug in allen Entscheidungssituationen 80 Dollar, die entweder am Folgetag, vier Tage oder vier Wochen später ausbezahlt wurden. Alternativ konnte ein kleinerer Betrag zwischen 45 und 75 Dollar als sofortige Auszahlung gewählt werden. Aus insgesamt 28 verschiedenen Entscheidungen konnten die Autoren die Diskontrate eines Fernfahrers errechnen, also die Rate, um wie viel weniger ein bestimmter Betrag in der Zukunft wert ist im Vergleich zu einem Betrag heute.

Neben diesen Daten aus dem Experiment stellte die Firma für die Studie die Personaldaten für jeden beteiligten Fernfahrer zur Verfügung. Der Anreiz für die Firma zur Teilnahme an der Studie bestand darin, mehr über die Faktoren zu erfahren, die einen Einfluss auf die Verweildauer eines Trainees im Unternehmen – sowohl während der Ausbildungszeit als auch danach – haben. Eine längere Verweildauer ist nämlich für die Firma mit größeren Profiten verbunden. Aus den Personaldaten konnten die Studienautoren erfahren, ob ein Fahrer die Ausbildung abschloss beziehungsweise wann er sie vorzeitig abbrach. Im Falle des Abschlusses der Ausbildung wurde bekannt gegeben, ob jemand von der Firma übernommen wurde oder nicht. Während die Firma fertig ausgebildete Fahrer grundsätzlich gerne übernahm (und nicht etwa aus konjunkturellen Gründen aufgrund zu geringer Aufträge nicht übernehmen konnte), wurden Fahrer mit disziplinären Problemen nicht übernommen. Für jene Fahrer, die in ein Beschäftigungsverhältnis übernommen wurden, gab die Firma den Studienautoren bekannt, wie lange der Fahrer in der Firma blieb.

Auch in dieser Studie zeigt sich ein Zusammenhang, der mit den bisherigen Befunden in diesem Buch sehr gut übereinstimmt. Trainees, die im Experiment häufiger den größeren, aber späteren Betrag wählten, brachen mit geringerer Wahrscheinlichkeit ihre Ausbildung ab und wurden mit höherer Wahrscheinlichkeit nach der Traineephase in ein Beschäftigungsverhältnis übernommen. Darüber hinaus blieben Fahrer mit stärker zukunftsorientierten Entscheidungen (jene mit den geringeren Diskontraten) länger in dem betreffenden Unternehmen. Insgesamt blieb weniger als die Hälfte der Fahrer ein Jahr oder länger, was die ausreichende Frist war, um die Ausbildungskosten nicht mehr zurückzahlen zu müssen. Jene, die diese Frist im Unternehmen erreichten, waren im Schnitt deutlich geduldiger in ihren Experimententscheidungen als jene, die den Vertrag vorzeitig kündigten und deshalb die vollen Ausbildungskosten zu erstatten hatten. Für jene Fernfahrer mit den „geduldigeren" Experimententscheidungen zahlte sich das längere Durchhalten im Beruf finanziell dadurch aus, dass sie die Ausbildungskosten nicht mehr zurückzahlen mussten. Jene Fernfahrer aber, die die Firma verließen, mussten sich eine neue Arbeit suchen. Das bringt uns zur nächsten Frage, ob Geduld im Experiment einen Einfluss auf die Zeitspanne hat, die es dauert, bis man als Arbeitsloser wieder eine Arbeitsstelle findet. Davon handelt der nächste Abschnitt.

Raus aus der Arbeitslosigkeit oder warum geduldigere Menschen schneller wieder eine Arbeitsstelle finden

Kommen wir zur Illustration nochmals kurz auf das einleitende Beispiel mit Clara und Elke zu sprechen. Dabei war Elke als eine ungeduldige Person charakterisiert worden, die ihre Ausbildung abgebrochen und danach viele Phasen der Arbeitslosigkeit durchgemacht hatte. Besteht wirklich ein Zusammenhang zwischen dem Ausmaß an Geduld, das jemand hat, und der Wahrscheinlichkeit, mit der diese Person im Falle von Arbeitslosigkeit wieder eine Arbeitsstelle findet? Diese Frage beschäftigt die Arbeitsmarktforschung sehr stark, vor allem, welche Faktoren dazu führen, dass Arbeitslose schneller wieder eine Arbeit finden. Der Ausbildungsgrad hilft dabei, da Menschen mit höherer Ausbildung schneller wieder eine Arbeitsstelle finden. Ein höheres Gehalt vor der Arbeitslosigkeit führt auch zu einem schnelleren Wiedereinstieg in den Arbeitsmarkt. Das ist nicht nur so, weil ein höheres Gehalt häufig mit höherer Ausbildung einhergeht, sondern auch, weil ein höheres Gehalt häufig mit Führungsfunktionen und damit mehr Management-Erfahrung verbunden ist. Das macht jemanden für den Arbeitsmarkt attraktiver.

Die Rolle beziehungsweise Bedeutung von Geduld beim Übergang von der Arbeitslosigkeit zurück in den Arbeitsmarkt ist nicht von vornherein klar. Zum einen kann Ungeduld den Aufwand bei der Suche nach einer neuen Stelle reduzieren. Das ist deswegen der Fall, weil das Suchen neuer Stellen mit Aufwand verbunden ist und damit kurzfristig Mühen und Kosten verursacht, die sich, wenn überhaupt, erst langfristig auszahlen. Genau so lässt sich Ungeduld auch interpretieren: als Vermeiden von kurzfristigen Kosten, die jedoch langfristig Nutzen stiften können. In verhaltensökonomischen Experimenten misst man das Ausmaß an Geduld so, dass jemand kurzfristig die Kosten auf sich nimmt, nicht sofort einen kleinen Betrag zu bekommen, dafür aber langfristig einen größeren Betrag erhält. Wenn also die Suche nach einer neuen Arbeitsstelle mit kurzfristigen Kosten verbunden ist, die ungeduldige Menschen eher vermeiden, dann bekommen sie automatisch weniger neue Angebote. Das aber erhöht die Dauer der Arbeitslosigkeit, weil die Wahrscheinlichkeit steigt, überhaupt keines oder kein passendes Angebot zu bekommen.

Zum anderen aber kann Ungeduld dazu führen, dass im Falle eines Angebots auch schlechte Bedingungen, vor allem geringere Gehälter, schneller akzeptiert werden. Das ist deswegen der Fall, weil ein ungeduldiger Mensch lieber einen kleineren Betrag sofort nimmt als einen größeren Betrag erst in der Zukunft, also nach weiterem Suchen und den damit verbundenen Kosten und Anstrengungen. Diese Wirkung von Ungeduld macht die Annahme schlechterer Arbeitsbedingungen und damit von geringeren Löhnen wahrscheinlicher und das würde dann die Dauer der Arbeitslosigkeit verringern. Welcher Effekt von Ungeduld letztlich überwiegt – das heißt, ob ungeduldigere Menschen schneller oder weniger schnell als geduldigere Menschen wieder eine Arbeitsstelle finden –, ist eine empirisch zu beantwortende Frage.

Stefano della Vigna und Daniele Paserman von der Universität Kalifornien in Berkeley untersuchten den Zusammenhang von Geduld und Dauer der Arbeitslosigkeit mit Daten vom amerikanischen Arbeitsmarkt. Zur Einschätzung der Ungeduld von Arbeitnehmern führten sie keine Experimente durch, sondern verwendeten Informationen aus Fragebogendaten und stuften jemand anhand dieser Informationen als mehr oder weniger geduldig ein. Eine wichtige Information dabei war, ob jemand Raucher war. Eine solche Person wurde als tendenziell ungeduldiger als Nichtraucher eingeschätzt. Die Ergebnisse aus Kapitel 3 bestätigen diesen Ansatz. Weiters hatten della Vigna und Paserman Daten über die Höhe der Ersparnisse einer Person. Überhaupt Ersparnisse – und keine Schulden – zu haben, wurde als weiterer Indikator für Geduld herangezogen. Sparen schränkt den unmittelbaren Konsum ein, ermöglicht aber in der Zukunft mehr Konsum. Darum deutet das Vorliegen von Ersparnissen auf ein höheres Maß an Geduld hin. Neben den Informationen über das Rauchen oder das Vorliegen von Ersparnissen verwendeten die Autoren eine Reihe weiterer Indikatoren – etwa den Abschluss einer Lebensversicherung oder auch die Einschätzung des Interviewers während der Befragung der arbeitslosen Personen. Alle diese Indikatoren hängen eng miteinander zusammen und lassen den Schluss zu, dass die Studienautoren in Summe ein plausibles Maß für die Geduld einer Person gefunden hatten. Dieses Maß wurde dann mit den Arbeitsmarktdaten über die betreffende Person in Zusammenhang gebracht. Die Daten aus den Jahren 1978 bis 1996 zeigen eindeutig, dass die erste oben skizzierte Auswirkung von Ungeduld auf die Wahrscheinlichkeit, eine neue Arbeitsstelle zu finden, stärker als die zweite Auswirkung ist. Mit anderen Worten: Ungeduldigere Menschen finden weniger schnell einen neuen Arbeitsplatz. Das liegt vor allem daran, dass die Investitionen in die Arbeitsplatzsuche geringer sind, häufig sogar in der Größenordnung von nur einigen wenigen Stunden pro Woche – und das trotz Arbeitslosigkeit. Diese geringe Anzahl an Stunden könnte etwa dadurch erklärt werden, dass ungeduldigere Menschen sich bei der Arbeitsplatzsuche schneller entmutigen lassen, weil es ihnen schwerer fällt, negative Rückmeldungen auf Bewerbungen wegzustecken und sich dem Risiko einer weiteren Absage auszusetzen. Damit eröffnet sich aber ein Teufelskreis. Menschen mit weniger Geduld halten häufig weniger lang in einem Beruf und an einer bestimmten Arbeitsstelle durch, finden aber im Fall von Arbeitslosigkeit weniger schnell wieder einen Arbeitsplatz. Das kann zu Langzeitarbeitslosigkeit und damit zu einem Herausfallen aus dem Arbeitsmarkt führen.

Beide Studien zur Berufstätigkeit – jene von Burks und Koautoren und jene von della Vigna und Paserman – haben gezeigt, dass sich Geduld im Beruf auszahlt. Damit zahlt sich Geduld indirekt auch finanziell aus. Als Nächstes wollen wir den Zusammenhang von Geduld und finanziellen Entscheidungen genauer untersuchen. Wir beginnen wieder mit den Nordtiroler Jugendlichen und betrachten den Zusammenhang zwischen deren Experimententscheidungen und ihrer Bereitschaft, Geld zu sparen. Danach stehen die Kreditkartenschulden von Erwachsenen im Fokus.

Geduld und Sparen bei Jugendlichen

Viele Kinder und auch Jugendliche werden von ihren Eltern und Großeltern angeleitet und ermuntert, von ihrem verfügbaren Geld etwas zu sparen, beispielsweise um in der Zukunft eine größere Anschaffung tätigen zu können. Das kann bei Kindern bedeuten, dass sie auf ein größeres Spielzeug sparen, das sie sich beim Erreichen des Sparziels –

meist ist das der Kaufpreis – selbst kaufen dürfen. Bei Jugendlichen sind das häufig größere „Spielzeuge", beispielsweise das neueste Handy oder ein Moped oder Motorrad. Beim Sparen wird zugunsten der Zukunft auf gegenwärtigen Konsum verzichtet. Das bedeutet auch, dass man langfristige Pläne verfolgen kann und dabei Ausdauer und Geduld an den Tag legt.

Im Rahmen unserer Untersuchung mit den 661 Tiroler Jugendlichen von zehn bis 18 Jahren interessierte uns auch, wie deren Experimententscheidungen mit ihrer Bereitschaft zusammenhingen, von ihrem verfügbaren Taschengeld etwas auf die Seite zu legen und zu sparen. Über alle Altersstufen hinweg zeigte sich ein sehr klares Ergebnis, das kürzlich in einer vergleichbaren Studie mit 13- bis 15-jährigen Schülern in Berlin, Düsseldorf und München bestätigt werden konnte. Wer im Experiment geduldiger ist, der spart auch eher. Die Größenordnung des Effekts sei an einem Beispiel illustriert, für das wir die Figuren Elke und Clara aus der Einleitung verwenden. Nehmen wir an, die beiden nahmen in ihren Teenagerjahren an einem Experiment teil, bei dem sie entweder 10 Euro sofort oder einen größeren Betrag in drei Wochen bekommen konnten. Clara wartete schon ab einem Betrag von 11 Euro auf den größeren Betrag in drei Wochen und verzichtete auf die 10 Euro sofort. Elke hingegen wählte die zukünftige Auszahlung erst, wenn sie mindestens 12 Euro in drei Wochen bekam, während sie bei geringeren Beträgen in drei Wochen stets die 10 Euro auf der Stelle vorzog. Wendet man die Daten der 661 Tiroler Schüler auf dieses Beispiel an, dann hätte Clara – die Geduldigere der beiden – eine um drei Prozent höhere Wahrscheinlichkeit, von ihrem Taschengeld etwas zu sparen. Elke – die Ungeduldigere – hätte eine um drei Prozent erhöhte Wahrscheinlichkeit, alles in jedem Monat vollständig auszugeben. Wer aber sein ganzes Geld ausgibt, gibt unter Umständen noch mehr aus und finanziert den zusätzlichen Konsum über einen Kredit. Der nächste Abschnitt behandelt deshalb die Frage, ob es einen Zusammenhang zwischen Geduld und der Wahrscheinlichkeit und dem Ausmaß von Kreditkartenschulden gibt.

Kreditkartenschulden

Im Zeitalter des Plastikgeldes ist es ein Leichtes, schnell eine Kreditkarte zur Hand zu nehmen und den nächsten Einkauf damit zu bezahlen. Die Rechnung kommt ja erst später und da fällt der Einkauf leichter, als wenn man das Bargeld sofort ausgeben muss, um die Rechnung zu begleichen. Aus diesem Blickwinkel betrachtet, besteht bei der Bezahlung mit Plastikgeld die Versuchung, mehr auszugeben, als man sich leisten kann. Das ist deswegen so, weil man die Rechnung nicht sofort bezahlen muss, sondern diesen – unangenehmen – Vorgang in die Zukunft verschieben kann. In der Zukunft wird die Rechnung aber fällig – und man gibt sich vielleicht der Illusion hin, dass man bis dahin schon genug Geld (angespart) hat, um die dann fällige Rechnung zu bezahlen. Aus diesen Überlegungen wirkt es sehr plausibel, einen Zusammenhang zwischen den Ausgaben einer Person mit ihrer Kreditkarte und dem Ausmaß an Geduld zu vermuten.

Stephan Meier von der Columbia-Universität in New York und Charles Sprenger von der Stanford-Universität in Kalifornien gingen diesem vermuteten Zusammenhang nach. Insbesondere interessierte sie, ob Personen mit zeitinkonsistenten Entscheidungen und einem Gegenwarts-Bias mehr Schulden über ihre Kreditkarten machen und diese weniger schnell begleichen. Als Basis ihrer Studie ließen sie ungefähr 600 Personen mit mittleren oder kleineren Einkommen aus dem Großraum Boston experimentelle Entscheidungen treffen. Beispielsweise konnte jemand wählen zwischen 40 Dollar sofort oder 50 Dollar in einem Monat. Um das Ausmaß an Zeitinkonsistenz beziehungsweise Gegenwarts-Bias ermitteln zu können, gab es auch Entscheidungen, bei denen beide Auszahlungen in der Zukunft lagen, also etwa 40 Dollar in sechs Monaten oder 50 Dollar in sieben Monaten. Der größere Betrag war immer einen Monat später erhältlich. Aus den Entscheidungen der Teilnehmer konnten Meier und Sprenger sowohl die durchschnittliche Diskontrate als auch das Vorliegen eines Gegenwarts-Bias ermitteln. Die Diskontrate misst, auf wie viel früher verfügbares Geld jemand verzichtet, um 50 Dollar einen Monat später zu bekommen. Gegenwarts-Bias meint, dass jemand geduldigere Entscheidungen trifft, wenn der frühere Betrag erst in der Zukunft – hier in sechs Monaten – zur Verfügung steht.

Meier und Sprenger konnten mit dem Einverständnis der Teilnehmer deren Kreditkartendaten, die Umsätze mit der Kreditkarte und ihr Einkommen einsehen. An dieser Stelle ist zu betonen, dass es sich bei den Kreditkarten der Teilnehmer aus Boston nicht um den Typ Kreditkarte handelt, den man aus Österreich oder Deutschland normalerweise kennt. Bei uns sind die meisten Kreditkarten sogenannte Charge-Karten. Bei solchen Karten erhält man monatlich eine Rechnung, die dann – üblicherweise über ein Konto – bezahlt wird. Für die auf der Monatsrechnung getätigten Umsätze erhält man bis zur Bezahlung einen zinslosen Kredit mit sehr kurzer Laufzeit. Es besteht bei Charge-Karten keine Wahlmöglichkeit, ob man nur einen Teil der Rechnung bezahlen und den Rest durch monatliche Ratenzahlungen – für die Zinsen anfallen – begleichen möchte. Klassische Kreditkarten, wie sie in den USA üblich sind, haben hingegen eine solche Wahlmöglichkeit und schaffen damit echte Kredite, die über die Zeit weitergewälzt werden können, aber jedes Mal relativ hohe Zinszahlungen zur Folge haben. Die permanente Weiterwälzung eines Kredits entsteht beispielsweise folgendermaßen: Jemand bezahlt einen Teil der Kreditkartenrechnung für den Monat Januar nicht fristgerecht an die Kreditkartenfirma zurück. Der ausstehende Betrag wird mit Tilgungs- und Zinszahlungen auf den Februar gebucht. Im Februar kommen aber möglicherweise neue Rechnungen hinzu, die faktisch erst dann vollständig beglichen werden, wenn die ausstehende Januarrechnung, inklusive der Zinsen, vollständig bezahlt ist. So kann beispielsweise der offene Betrag vom Januar erst im April vollständig abbezahlt sein. Dann können aber Rechnungen vom Februar und März noch offen sein, die über neuerliche Tilgungs- und Zinszahlungen zu begleichen sind. So entsteht über solche klassischen Kreditkarten ein sogenannter revolvierender Kredit mit Zinsen und Zinseszinsen.

In den USA zahlen ungefähr 50 Prozent der Haushalte, die mindestens eine Kreditkarte haben, ihre Kreditkartenrechnungen nicht vollständig. Diese Haushalte hatten im Jahr 2004 im Durchschnitt einen revolvierenden Kredit in Höhe von 5.800 Dollar. Das ist so, als wenn bei uns jemand permanent einen Kredit bei einer Bank von etwa 5.000 Euro hätte, der jeden Monat mit Zinsen zu bedienen ist, der aber niemals kleiner wird. Revolvierende Kredite über Kreditkarten sind im Vergleich zu Bankkrediten meist teurer und können die betroffenen Haushalte aufgrund der Zins- und Zinseszinsbelastung in arge finanzielle Nöte treiben. Darum ist es insbesondere in den USA ein attraktives Forschungsthema, welche Faktoren maßgeblich dafür sind, ob jemand seine Kreditkartenrechnungen vollständig und rechtzeitig bezahlt oder eben nicht.

In ihrer Studie konnten Meier und Sprenger zeigen, dass geduldigere Personen im Experiment grundsätzlich weniger revolvierende Kredite haben. Jedoch ist der statistische Zusammenhang hier nicht besonders stark und der Einfluss von Geduld gering. Wenn jemand in seinen Entscheidungen einen Gegenwarts-Bias hatte, dann ergab sich ein starker Effekt. Solche Personen hatten eine um 15 Prozent höhere Wahrscheinlichkeit, ihre Kreditkartenrechnung nicht vollständig und rechtzeitig zu bezahlen. Das bedeutet, dass Personen mit Gegenwarts-Bias mit deutlich höherer Wahrscheinlichkeit revolvierende Kredite bei ihrer Kreditkartenfirma vor sich herschoben. Betrachtet man nur jene Personen, die Kreditkartenschulden hatten, dann hatte die Gruppe der Personen mit Gegenwarts-Bias um 25 Prozent höhere Schulden als jene Gruppe ohne Gegenwarts-Bias. Bei diesen Resultaten sind sowohl demografische Daten – wie Alter oder Geschlecht – als auch die Finanzdaten einer Person – etwa das Einkommen oder die Kreditlimits bei der Kreditkartenfirma – schon berücksichtigt. Diese Berücksichtigung bei der statistischen Auswertung kann man folgendermaßen veranschaulichen: Nehmen wir zwei Männer, die sich nur dadurch unterscheiden, dass der erste – nennen wir ihn Günther – einen Gegenwarts-Bias hat, der zweite – nennen wir ihn Norbert – aber nicht. Beide sind 50 Jahre alt, beide haben ein Jahreseinkommen von 50.000 Euro, leben alleinstehend und haben eine klassische Kreditkarte mit einem Schuldenlimit für revolvierende Kredite von 5.000 Euro. Dann würden die Ergebnisse von Meier und Sprenger bedeuten, dass Günther mit 15 Prozent höherer Wahrscheinlichkeit Schulden bei seiner Kreditkartenfirma hat als Norbert. Sollten beide Schulden haben, dann wäre Günthers Schuldenberg um ein Viertel höher als jener von Norbert. Zeitinkonsistenz mit einem Gegenwarts-Bias hat also deutlich spürbare Auswirkungen auf das Niveau der Verschuldung einer Person.

Die internationale Finanzkrise seit 2008 hat in den USA vor allem viele Immobilienbesitzer hart getroffen. Die Entlassungen im Zuge der Krise und steigende Zinssätze für die Kredite zur Finanzierung von Immobilien – meist die Häuser, in denen die Menschen wohnten – haben viele Menschen in den finanziellen Ruin getrieben. Im Falle steigender Zinsen – selbst bei weiter bestehender Berufstätigkeit – führt häufig das Unwissen über Zinseszinseffekte und die unzureichende Berücksichtigung von möglichen Zinsänderungen bei der finanziellen Planung einer Kreditaufnahme mittelfristig zu Zahlungsunfähigkeit. Die Wahrscheinlichkeit von Zahlungsunfähigkeit hat deshalb etwas mit dem individuellen Wissensstand über einfache finanzielle Zusammenhänge zu tun. Wichtige Aspekte sind dabei etwa die Wirkung von Inflation auf Kreditraten oder wie schnell sich Zinsen und Zinseszinsen zu großen Beträgen summieren. Umfragen in den USA zeigen, dass fast die Hälfte der Privatkreditnehmer die letzten beiden Wirkungen (von Inflation und Zinseszinsen) nicht richtig einschätzen kann. Aus diesem Grund bieten Kreditunternehmen immer wieder kurze Schulungen über das Einmaleins der Finanzplanung an, verbunden mit individueller Beratung zur Kreditwürdigkeit und Kreditsituation eines Kunden. In vielen Fällen ist solche Beratung kostenlos und könnte damit Kunden helfen, ihre Finanzsituation richtig einzuschätzen und gut zu planen. Wenn denn die Kunden das Angebot annähmen!

Der Teufelskreis von Schulden und mangelnder Information

Stephan Meier und Charles Sprenger interessierten sich in einer weiteren Studie dafür, welche Kunden (mit Schulden) eine kostenlose Finanzberatung in Anspruch nehmen und welche nicht. Das ist aus politischer Sicht eine wichtige Frage, weil es in den USA – aber auch bei uns – immer wieder die politische Forderung nach mehr und ausführlicherer Aufklärung über eine solide Finanzplanung und über die Risiken diverser Finanzprodukte gibt, damit private Haushalte nicht in finanzielle Nöte geraten. Diese politischen Forderungen setzen voraus, dass die Haushalte, die am meisten gefährdet sind, in finanzielle Not zu geraten, diese Aufklärung dann auch nachfragen und sich damit die notwendigen Informationen besorgen.

Die Inanspruchnahme von Finanzberatung ist so etwas wie eine Investition in die Zukunft. Wer die Beratung in Anspruch nimmt, muss dafür ein wenig Zeit opfern und aufmerksam sein. Wenn man diese „Kosten" aber auf sich nimmt, kann das in der Zukunft sehr hilfreich sein, bessere finanzielle Entscheidungen zu treffen; etwa in der Frage, wie hoch man sich verschulden kann, welches der beste Tilgungsplan ist, welche Alternativen mit welchen Risiken verbunden sind und so weiter. Wenn man also die Inanspruchnahme von Beratung als Investition in die Zukunft sieht, die jetzt Kosten verursacht und (hoffentlich) in der Zukunft Vorteile bringt, dann ergibt sich sofort wieder ein Zusammenhang zum Maß der Geduld eines potenziellen Kunden einer solchen Beratung. Die Hypothese lautet, dass ungeduldigere Menschen sich weniger wahrscheinlich beraten lassen und damit möglicherweise wertvolles und finanziell vorteilhaftes Wissen nicht erwerben.

In der Untersuchung von Meier und Sprenger waren ungefähr 800 Personen aus dem Großraum Boston beteiligt. Diese Personen ließen sich von freiwilligen Helfern bei ihrer Steuererklärung beraten. Dazu richten verschiedene Kommunen in den USA Beratungszentren ein, in denen sich Bürger mit meist mittlerem oder niedrigem Einkommen beraten lassen können. Diese Beratung bei der Steuererklärung ist kostenlos und wird deshalb gerne angenommen, um sich die Kosten eines Steuerberaters zu sparen. Dadurch ergeben sich allerdings auch längere Wartezeiten. Im Untersuchungszeitraum waren das ungefähr zwei Stunden Wartezeit. Diese Wartezeit nutzten Meier und Sprenger, um den wartenden Personen eine ebenfalls kostenlose Finanzberatung allgemeiner Natur und Aufklärung über die von der jeweiligen Person aufgenommenen Kredite im Speziellen anzubieten. Die allgemeine Finanzberatung betraf keine Aspekte der Steuererklärung, denn dazu erhielten die Personen ja später die detaillierte Beratung durch die Kommune. Stattdessen wurden die Personen in der allgemeinen Beratung über Inflations- und Zinseffekte und die Planung von Krediten und deren Rückzahlung aufgeklärt. Diese Beratung dauerte durchschnittlich zwischen 15 und 20 Minuten. Wer die Beratung in Anspruch nahm, behielt seinen Platz in der Warteschlange für die Beratung bei der Steuererklärung, sodass in keinem Fall eine zusätzliche Wartezeit entstand. Das wurde beim Angebot der zusätzlichen Finanzberatung extra betont und den Teilnehmern garantiert. Selbstverständlich war die Teilnahme an der Finanzberatung trotzdem freiwillig.

Unabhängig davon, ob jemand die allgemeine Finanzberatung in Anspruch nahm, wurde allen wartenden Personen angeboten, an einem Experiment teilzunehmen, in dem man Geld gewinnen konnte. Praktisch alle Wartenden nahmen diese Einladung an. Das Experiment betraf wiederum Entscheidungen zwischen 50 Dollar in einem Monat und einem kleineren Betrag sofort. Der kleinere Betrag variierte zwischen 14 und 49 Dollar. Insgesamt mussten die Teilnehmer 22 solcher Entscheidungen treffen, aus denen Meier und Sprenger die jeweilige Diskontrate – beziehungsweise das Maß an Ungeduld – einer Person bestimmten. Neben diesem Maß erhoben die Autoren auch Daten über das Geschlecht und Alter, die ethnische Herkunft, das Ausbildungsniveau und das Einkommen, um diese Faktoren bei der statistischen Auswertung berücksichtigen zu können. Nicht erhoben wurde, ob jemand zeitinkonsistente Entscheidungen trifft und gegebenenfalls einen Gegenwarts-Bias hat.

Ungefähr 55 Prozent aller Personen im Untersuchungszeitraum nahmen die allgemeine Finanzberatung in Anspruch. Die Kehrseite dieses Ergebnisses bedeutet, dass fast die Hälfte die kostenlose Beratung während einer langen Wartezeit nicht in Anspruch nahm. Gab es Unterschiede zwischen jenen Personen, die die Beratung annahmen, und jenen, die das nicht taten? Das Geschlecht spielte offensichtlich keine Rolle. Männer und Frauen nahmen die Beratung mit gleicher Wahrscheinlichkeit an. Die Höhe des Einkommens spielte auch keine statistisch bedeutsame Rolle. Die Anzahl der Kinder war ebenfalls nicht unterschiedlich bei beiden Gruppen. Es bestand ein leichter Unterschied im Ausbildungsniveau. Jene 55 Prozent, die die Finanzberatung in Anspruch nahmen, hatten mit etwas höherer Wahrscheinlichkeit einen Hochschulabschluss. Während sich die beiden Gruppen also in demografischen Eigenschaften kaum beziehungsweise gar nicht unterschieden, waren ihre experimentellen Entscheidungen systematisch unterschiedlich. In den 22 Entscheidungen zwischen einem kleineren Betrag am Experimenttag und den 50 Dollar in einem Monat warteten jene Personen, die die Finanzberatung in Anspruch nahmen, im Schnitt in 54 Prozent der Fälle auf die 50 Dollar in einem Monat. Im Gegensatz dazu wählten jene Personen, die die Beratung nicht in Anspruch nahmen, nur in 41 Prozent der Fälle den höheren Betrag von 50 Dollar in einem Monat.

Die Ergebnisse belegen, dass höhere Ungeduld einen Teufelskreis zur Folge haben kann. Wer ungeduldiger ist, nimmt mit geringerer Wahrscheinlichkeit Finanzberatung in Anspruch, weiß damit weniger über finanzielle Produkte und sinnvolle Finanzplanung. Genau dieses Wissen wäre aber hilfreich für diese Personengruppe, weil genau diese Gruppe mit höherer Wahrscheinlichkeit etwa Kreditkartenschulden hat, bei denen sich über Zinsen und Zinseszinsen sehr rasch finanzielle Belastungen ergeben, die einen Haushalt in finanzielle Nöte bringen können.

Die Studie von Meier und Sprenger stellt die politische Forderung nach der Bereitstellung von mehr kostenloser Finanzberatung zur Vermeidung von Privatkonkursen in Frage. Im besten Fall können dadurch kleine Effekte erzielt werden. Das liegt daran, dass in den meisten Fällen jene Personen eine solche Beratung gar nicht in Anspruch nehmen, die sie am dringendsten bräuchten. Das dürfte im Übrigen nicht nur für die USA zutreffen, sondern auch für Europa und andere Regionen. Auch bei uns scheint es so zu sein, dass Privatpersonen, die in Privatkonkurs gehen, häufig erst zu spät oder gar nicht zu einer kostenlosen Schuldnerberatung (angeboten von Beratungsorganisationen oder Interessenvertretungen wie Kammern) kommen. Das macht Interventionen zu einem früheren Zeitpunkt notwendig. Dazu aber muss man wissen, ob das Ausmaß an Geduld zu einem früheren Zeitpunkt im Leben – etwa schon in der frühen Kindheit – einen Zusammenhang mit Geduld und dem Erfolg im späteren Leben hat. Zur Beantwortung dieser Frage braucht man Längsschnittstudien, bei denen Teilnehmer über Jahre und Jahrzehnte durch Forscherteams begleitet werden, um die langfristigen Auswirkungen von Geduld oder Ungeduld zu studieren. Solchen Studien wenden wir uns im nächsten Kapitel zu.

ALS KIND GEDULDIG – ALS ERWACHSENER ERFOLGREICH? WAS LÄNGSSCHNITTSTUDIEN DAZU SAGEN

Längsschnittstudien sind wissenschaftlich besonders ergiebig, weil es erst durch die langjährige Begleitung von Versuchspersonen möglich wird, Zusammenhänge zwischen Verhalten und persönlichen Eigenschaften in einem früheren Stadium des Lebens und dem Verhalten beziehungsweise den Lebensumständen in späteren Jahren zu erkennen. Das ist deswegen von Interesse, weil diese Art von Forschung eine häufig anzutreffende Neugier befriedigt, ob man etwa aus dem Verhalten in der Jugend Rückschlüsse auf den zukünftigen Lebensweg eines Menschen ziehen kann. Beispielsweise gibt man sich als Elternteil gern der Illusion hin, dass bestimmte Eigenschaften des eigenen Kindes ein gutes Vorzeichen für die Zukunft wären, etwa wenn das eigene Kind schneller als andere Kinder gehen kann, wenn es früher sprechen lernt oder wenn es sich auf dem Spielplatz durchsetzen kann. Selbstverständlich ist es in keinem Fall so, dass ein bestimmtes Verhalten bei einem Kind mit hundertprozentiger Sicherheit ein bestimmtes Verhalten in der Zukunft – vielleicht gar Jahrzehnte später – korrekt vorhersagt. Dazu gibt es viel zu viele Einflussfaktoren auf menschliches Verhalten. Wissenschaftler sind schon begeistert, wenn sie entdecken können, dass ein bestimmtes Verhalten in der Kindheit oder Jugend ein anderes Verhalten im späteren Lebensverlauf mehr oder weniger wahrscheinlich macht. Dabei kann eine Veränderung der Wahrscheinlichkeit um wenige Prozentpunkte bereits als starke Auswirkung gelten. Solche Zusammenhänge werden im Folgenden betrachtet. Zu Beginn stehen einige Studien, die Versuchsteilnehmer in ihrer Kindheit und Jugend über einige wenige

Jahre begleitet haben. Danach folgen Studien mit mehreren Jahrzehnten Beobachtungsdauer.

15 Monate alte Babys, Selbstkontrolle und das Marshmallow-Experiment einige Jahre später

Das Marshmallow-Experiment gilt häufig als Test dafür, ob jemand später im Leben erfolgreich sein wird. Aber lässt sich vielleicht sogar schon das Verhalten im Marshmallow-Experiment vorhersagen? Genau das hat den Erfinder der Marshmallow-Experimente, Walter Mischel, interessiert. Er untersuchte das Verhalten von Kleinkindern im Alter von 15 bis 18 Monaten, wenn sie allein gelassen werden. Dazu lud er Mütter mit ihren Kleinkindern zur Teilnahme an einer Studie ein. Zu Beginn wurde eine Mutter mit ihrem Kind von einer Pflegerin begrüßt und die Pflegerin gab einige nützliche Tipps zur Kleinkinderpflege. Diese Beratung fand in einem Untersuchungsraum statt, in dem nur die Pflegerin, die Mutter und das Kind waren und in dem sich auch einige Spielsachen für Kleinkinder befanden, die die Kinder im Krabbeln oder Gehen erreichen konnten. Als Teil der Studie verließ die Mutter während der Beratung für zwei Minuten den Raum. Während dieser Zeit widmete sich die Pflegerin nicht dem Kleinkind, sondern bereitete weitere Gespräche vor. Ziel der Untersuchung war die Beobachtung, wie das Kleinkind auf das Weggehen der Mutter reagiert und wie es die zwei Minuten verbringt. Dabei zeigten sich – wie nicht anders zu erwarten – große Unterschiede. Manche Kinder reagierten sehr emotional und mit lautem Schreien. Andere hingegen versuchten erfolgreich, sich mit sich selbst zu beschäftigen, meist indem sie das vorhandene Spielzeug zuerst betrachteten und dann verwendeten. Einige Kinder versuchten auch, Kontakt mit der Pflegerin herzustellen, indem sie sich zu ihr hinwandten.

Ungefähr zwei bis drei Jahre später führte Mischel mit denselben Kindern – nun im Alter von drei bis vier Jahren – das Marshmallow-Experiment durch. Kinder, die 15 Minuten warten konnten, ohne das erste Marshmallow zu essen, bekamen ein zweites. Zwischen der Entscheidung im Marshmallow-Experiment – das erste Marshmallow sofort zu essen oder auf das zweite zu warten – und dem Verhalten als Kleinkind, als die Mutter den Raum verließ, fand Mischel den folgenden Zusammenhang: Jene Kinder, die mit 15 bis 18 Monaten fähig waren, sich während der Abwesenheit ihrer Mutter selbst zu beschäftigen und sich abzulenken, etwa durch Spielen, konnten im Marshmallow-Test länger warten und bekamen deshalb häufiger ein zweites Marshmallow.

Dieses Ergebnis mag auf den ersten Blick nicht besonders überraschend wirken, weil es doch in beiden Situationen „einfach" um das Zuwarten geht. Dafür ist es in jedem Fall hilfreich, sich mit anderen Dingen beschäftigen oder sich auf andere Aufgaben konzentrieren zu können. In dieser Hinsicht ist die Parallelität des Verhaltens tatsächlich naheliegend und es ist bemerkenswert, dass das Verhalten eines Kleinkindes ein guter Indikator für sein Verhalten einige Jahre später ist, wenn die Fähigkeit zu warten gefragt ist. Dennoch unterscheiden sich beide Situationen – jene für das Kleinkind und jene für das Kind im Marshmallow-Experiment – auch erheblich. Es macht nämlich einen beträchtlichen Unterschied aus, ob ein Kleinkind auf die engste und wichtigste Bezugsperson in diesem Stadium seines Lebens warten muss, nämlich die eigene Mutter, oder ob ein Kind von drei bis vier Jahren warten muss, bis es eine zweite Süßigkeit zu essen bekommt. Im ersten Fall spielt Verlässlichkeit in der Mutter-Kind Beziehung eine wichtige Rolle. In Kapitel 7 werde ich eine Studie präsentieren, die zeigt, warum Verlässlichkeit einen entscheidenden Einfluss auf das Ausmaß an Geduld haben kann. Vorerst aber wenden wir uns wieder der Frage zu, wie geduldiges Verhalten im Kindes- und Jugendalter mit anderen Verhaltensweisen noch Jahre später zusammenhängt.

Tiroler Jugendliche: Geduld im Experiment und die Wahrscheinlichkeit, mit dem Rauchen anzufangen

Zu Beginn von Kapitel 3 habe ich berichtet, dass wir für über 600 Nordtiroler Jugendliche einen Zusammenhang zwischen Geduld im

Experiment und der Wahrscheinlichkeit gefunden haben, dass jemand Geld für Alkohol oder Zigaretten ausgibt. In diesem Zusammenhang habe ich auch erwähnt, dass manche Kenner dieser Studie den Standpunkt einnahmen, jene Jugendlichen, die rauchen und Alkohol trinken, hätten eventuell deswegen im Experiment ungeduldige Entscheidungen getroffen – also öfter lieber 10,10 Euro sofort als einen höheren Betrag in drei Wochen gewählt –, weil sie nach dem Experiment gleich die nächste Packung Zigaretten oder ein Bier kaufen wollten.

Um dieses Argument zu überprüfen, erfassten wir drei Jahre später – das war im Jahr 2011 – nochmals in einem Fragebogen Daten darüber, ob die betreffenden Jugendlichen zu diesem Zeitpunkt Geld für Alkohol oder Zigaretten ausgaben. Dabei interessierten uns vor allem jene Jugendlichen, die 2008 noch angaben, dass sie weder rauchen noch trinken. Für diese Jugendlichen wäre es vollkommen unplausibel anzunehmen, dass sie im Jahr 2008 im Experiment eher deshalb ungeduldig entschieden – also die 10,10 Euro sofort wählten –, weil sie unter Umständen in den Folgejahren zu rauchen und trinken beginnen würden. Es kann für diese Gruppe von Jugendlichen also ausgeschlossen werden, dass das Verhalten im Experiment von der Möglichkeit verursacht ist, später einmal zu rauchen oder zu trinken. Umgekehrt allerdings lässt sich die Frage stellen, ob Jugendliche aus der Gruppe der Nichtraucher im Jahr 2008 mit höherer Wahrscheinlichkeit im Jahr 2011 zu den Rauchern zählten, wenn sie im Jahr 2008 eher ungeduldige Entscheidungen trafen. Die gleiche Frage lässt sich über das Trinken von Alkohol stellen. Mit anderen Worten: Sind ungeduldige Entscheidungen im Experiment 2008 ein Indikator dafür, ob jemand im Jahr 2011 raucht oder Alkohol trinkt? Unsere Daten legen nahe, dass das tatsächlich so ist, wenngleich die Effekte klein sind.

Jugendliche gaben im Jahr 2011 mit höherer Wahrscheinlichkeit an, Geld für Alkohol und Zigaretten auszugeben, wenn sie im Jahr 2008 häufiger die 10,10 Euro sofort als einen größeren Betrag in drei Wochen wählten. Die Unterschiede in den Wahrscheinlichkeiten im Vergleich zu anderen Jugendlichen, die häufiger die größeren Beträge in der Zukunft wählten, lagen im Bereich von ein bis zwei Prozentpunkten. Das ist absolut betrachtet ein geringer Wert, wenngleich zu berücksichtigen ist, dass hier verschiedene Effekte kumulieren können. Der Konsum von Alkohol und von Zigaretten geht häufig Hand in Hand. Zudem gaben Jugendliche, die im Jahr 2008 häufiger die 10,10 Euro sofort wählten, mit höherer Wahrscheinlichkeit im Jahr 2011 an, dass sie von ihrem verfügbaren Einkommen nichts mehr sparen. Das bedeutet, dass neben den möglichen gesundheitlichen Auswirkungen des Rauchens und Trinkens noch der Umstand hinzukommt, dass die betreffenden Jugendlichen weniger oder überhaupt keine Ersparnisse bilden. Nichts davon ist besonders erstrebenswert, um es milde auszudrücken.

Marshmallows, Vermeidungsstrategien und Persönlichkeitsentwicklung: Walter Mischels Langzeitstudien

Walter Mischel begleitete in seinen Studien viele Kinder über Jahre hinweg und beobachtete deren persönliche Entwicklung im Jugendlichen- und Erwachsenenalter. Seine Ergebnisse zeigen, dass jene Kinder, die als Vierjährige im Marshmallow-Experiment länger warten konnten, als Jugendliche und junge Erwachsene eher als sozial umgängliche Personen beschrieben wurden, dass sie kognitiv besser als ungeduldigere Kinder abschnitten und damit einhergehend bessere schulische oder akademische Leistungen erbrachten. Die geduldigeren Kinder konnten im frühen Erwachsenenalter ihre Ideen besser ausdrücken, sich besser konzentrieren und leichter langfristige Pläne entwerfen. Die letztgenannten Eigenschaften deuten darauf hin, dass die ehemals geduldigeren Kinder im Jugendlichen- und Erwachsenenalter ein stärker zielorientiertes Verhalten zeigten. Aus psychologischer Sicht hilft ein solches zielorientiertes Verhalten dabei, Entwicklungsstörungen und mentale beziehungsweise gesundheitliche Probleme im Übergang vom Kindes- bis zum Erwachsenenalter zu vermeiden. Damit einher geht, dass Menschen mit zielorientierterem Verhalten stärker belastbar sind, weniger Verhaltensstörungen wie etwa Suchtverhalten zeigen und ihre soziale Verantwortung in ihrem Umfeld stärker wahrnehmen. Menschen, die als vierjährige Kinder länger auf das zweite Marshmallow warten konnten, waren im Erwachsenenalter besser fähig, mit Frustrationserlebnissen und Stress fertigzuwerden. Eine solche Fähigkeit ist sowohl beruflich als auch privat als wertvoll einzustufen, weil bei der Verfolgung von Zielen häufig Hürden und Probleme auftauchen, die Enttäuschungen verursachen. Damit umgehen zu können, macht es leichter, das Ziel trotz zwischenzeitlicher Rückschläge weiterzuverfolgen. Geduld, Beharrlichkeit und Ausdauer beim Verfolgen von Zielen bedeutet damit auch, negative Erlebnisse überwinden zu können, um ein Ziel zu erreichen. Nicht alle Menschen kommen gleich gut damit zurecht. Das hat schon Johann Wolfgang von Goethe erkannt, wenn er in seinem Roman „Wilhelm Meisters Wanderjahre" aus dem Jahr 1821 schreibt: „Aller Anfang ist leicht, und die letzten Stufen werden am schwersten und seltensten erstiegen."

Walter Mischel war in seinen Langzeitstudien auch daran interessiert, ob das Verhalten im Marshmallow-Experiment einen statistisch verlässlichen Zusammenhang mit dem Verhalten später im Leben hat, unabhängig davon, wie das Marshmallow-Experiment genau durchgeführt wurde. Das ist offenbar nicht der Fall und sei an dieser Stelle kurz erläutert, weil es zum Verständnis beiträgt, welche Faktoren das Warten erleichtern.

Ob ein Kind auf das zweite Marshmallow wartet oder nicht, hat unter der Bedingung die beste Prognosekraft für die Zukunft, wenn man die Kinder nicht instruiert, an andere Dinge zu denken, während sie vor der Belohnung sitzen, und wenn die Belohnung – das Marshmallow, Kekse oder Brezeln – offen sichtbar ist. Unter diesen Umständen müssen die Kinder selbst Strategien entwickeln, mit der Versuchung umzugehen. Kinder, die in dieser Situation erfolgreich sind, zeigen in Langzeitstudien dann Unterschiede in ihrem Verhalten im Vergleich zu Kindern, die weniger lang oder gar nicht auf die Belohnung warten können. Wenn aber das Marshmallow-Experiment mit der Anweisung verbunden wird, dass die Kinder an etwas anderes, möglichst etwas Unterhaltsames, denken sollen, dann hat die Wartezeit auf die zweite Belohnung keinen messbaren Zusammenhang mehr mit langfristigem Verhalten. Das liegt daran, dass unter dieser Bedingung den Kindern von außen eine Strategie angeboten wird, mit der Versuchung während der Wartezeit umzugehen. Damit aber lässt sich nicht mehr unterscheiden zwischen Kindern, die auch von selbst eine solche Strategie anwenden hätten können, und jenen, die lediglich aufgrund der Anweisung eines Experimentleiters länger warteten, das ohne diese Anweisung aber nicht getan hätten. Da eine solche Unterscheidung nicht mehr möglich ist, sind die Zusammenhänge mit der Zukunft statistisch nicht mehr bedeutsam.

Dass eine Anweisung, an etwas anderes zu denken, tatsächlich beim Zuwarten hilft, wurde übrigens mehrfach bestätigt. Kinder, die aufgefordert wurden, während der Wartezeit an etwas Lustiges in ihrem Leben zu denken, warteten fast zehn Minuten länger als jene, die ohne eine solche Aufforderung die Belohnung vor sich sahen und warten mussten, um eine zweite zu bekommen. Mit zunehmendem Alter lernen Kinder selbst, erfolgreichere Strategien zu entwickeln, um der Versuchung zu widerstehen, die eine Belohnung sofort zu nehmen, anstatt auf eine zweite zu warten. Schon Fünf- bis Sechsjährige versuchen sich aktiv abzulenken, indem sie etwa ein Lied singen, oder geben sich selbst Befehle, der vor ihnen liegenden Belohnung keine Beachtung zu schenken. Vierjährige Kinder tun das nur sehr selten und sie warten weniger lange zu, bevor sie die erste Belohnung essen. Nun aber zurück zu den Längsschnittstudien.

Die Dunedin-Langzeitstudie aus Neuseeland

Dunedin ist mit ungefähr 125.000 Einwohnern die zweitgrößte Stadt auf der Südinsel Neuseelands. Die Stadt wurde ausgewählt für eine Langzeitstudie, an der alle Personen als Studienteilnehmer beteiligt waren, die zwischen 1. April 1972 und 31. März 1973 zur Welt kamen.

Das waren in Summe 1.037 Personen. Beginnend mit ihrem dritten Geburtstag, wurden diese Personen alle zwei bis drei Jahre bis zu ihrem 21. Lebensjahr und ab dann alle sechs Jahre nach Dunedin ins Studienzentrum eingeladen, um Informationen über ihre Entwicklung zu sammeln. Bis ins Jahr 2011 kamen die Studienteilnehmer insgesamt zwölf Mal zu Erhebungen ins Zentrum. Bei den Erhebungen in den Jahren 2004 und 2005 waren das noch 96 Prozent aller noch lebenden Studienteilnehmer – 22 von ihnen waren bis dahin schon verstorben. Für eine Längsschnittstudie ist das ein außergewöhnlich hoher Anteil an Personen, die über Jahrzehnte hinweg beobachtet werden konnten. Dies war unter anderem dadurch möglich, dass allfällige Kosten für eine weite Anreise (aus allen Teilen der Welt, wo sich Studienteilnehmer zum Zeitpunkt der Erhebung befanden) durch die Studienträger übernommen wurden.

Bei den Erhebungen standen während der Kindheit gesundheitliche Aspekte und die Persönlichkeitsentwicklung im Vordergrund. Die gesundheitlichen Aspekte wurden von Ärzten erhoben. Für Fragen zur Persönlichkeitsentwicklung wurden die Eltern, aber auch Erzieher oder Lehrer befragt. Mit zunehmendem Alter der Kinder wurden auch diese selbst über persönliche Eigenschaften befragt. Solange die Probanden im Schulalter waren, wurden auch die schulischen Leistungen und die Art der Schullaufbahn erfasst. Im Erwachsenenalter kamen dann Informationen über die Berufstätigkeit, das Einkommen und Vermögen, den Umgang mit finanziellen Problemen oder auch über mögliche Straftaten hinzu. Zudem wurde bei Erwachsenen die Familiensituation erhoben, etwa die Anzahl der Kinder, die Größe des Haushalts oder das Zusammenleben in Ehe oder Lebensgemeinschaft. Über die Daten aus dieser Langzeitstudie wurden bis heute über tausend wissenschaftliche Beiträge verfasst und publiziert, weil die Studie eine dermaßen große Fülle an interessanten Daten hervorbrachte, die Forschung in den verschiedensten Wissenschaftsdisziplinen ermöglichte.

Für dieses Buch ist die Dunedin-Langzeitstudie von besonderem Interesse, weil die Teilnehmer schon in der frühen Kindheit im Hinblick auf ihre Selbstkontrolle getestet wurden. Die erste Erhebung dazu fand im Alter von drei Jahren statt, bei der geschulte Studienleiter mit den Kindern kognitive und motorische Tests durchführten. Anhand der Tests wurde dann ein Index für Selbstkontrolle gebildet. Geringe Selbstkontrolle bedeutete etwa, dass Kinder eine geringe Frustrationstoleranz hatten – beispielsweise wenn sie aufgefordert wurden, ein Spiel zu beenden –, dass sie als ruhelos wahrgenommen wurden, dass sie ständig Aufmerksamkeit forderten und sich nicht selbst beschäftigen konnten oder dass sie schnell die Konzentration bei der Erledigung einer Aufgabe verloren und nicht bis zum Ende durchhielten. Diese Eigenschaften sind offensichtlich mit dem Ausmaß an Geduld verbunden, das jemand aufbringt, um eine Aufgabe zu bewältigen, oder das notwendig ist, um sich mit sich selbst beschäftigen zu können, bis eine Bezugsperson wieder zur Verfügung steht.

Die Erhebungen zur Selbstkontrolle wurden in den Folgejahren fortgeführt, dann unter Einbeziehung der Eltern und Erzieher beziehungsweise Lehrer der Kinder. Die dabei ermittelten Einstufungen eines Kindes im Hinblick auf das Ausmaß an Selbstkontrolle waren über die Jahre hinweg sehr stabil.

Die Psychologin Terri Moffitt und ihre Koautoren von der Duke-Universität teilten die Studienteilnehmer der Dunedin-Studie in fünf verschiedene Kategorien von Selbstkontrolle ein, von „sehr gering“ bis „sehr hoch“. Zuerst untersuchten Moffitt und Kollegen, ob sich Kinder aus den verschiedenen Kategorien im Jugendalter in den folgenden drei Aspekten unterscheiden:

1) Rauchen. Im Alter von 15 Jahren rauchten ungefähr 20 Prozent der Jugendlichen, die als Kind im Alter von drei bis fünf Jahren in die Kategorie „sehr hohe Selbstkontrolle“ eingestuft worden waren. Allerdings rauchten 47 Prozent der Jugendlichen, die als Kind in der Kategorie „sehr geringe Selbstkontrolle“ eingestuft waren. Kinder aus der mittleren der fünf Kategorien rauchten in 33 Prozent der Fälle. Höhere Selbstkontrolle im Kindesalter von drei Jahren war also verbunden mit einer geringeren Wahrscheinlich-

keit, bis zum Alter von 15 Jahren mit dem Rauchen zu beginnen. Dieses Ergebnis untermauert den Zusammenhang von Selbstkontrolle respektive Geduld mit dem Rauchen, der bereits in Kapitel 3 behandelt wurde.

2) Schulabschluss. 42 Prozent der Kinder aus der Kategorie „sehr geringe Selbstkontrolle“ hatten im frühen Erwachsenenalter keinen formalen Schulabschluss – welcher Stufe auch immer –, sondern hatten die Schulausbildung ohne Abschluss abgebrochen. Dasselbe traf nur für vier Prozent der Kinder zu, die in die Kategorie „sehr hohe Selbstkontrolle“ eingestuft worden waren. Für die mittlere Kategorie waren es 19 Prozent.
3) Ungeplante Schwangerschaft bis zum Alter von 20 Jahren. Auch hier zeigte sich ein ähnliches Muster wie in den anderen beiden Aspekten. 13 Prozent der Kinder mit „sehr geringer Selbstkontrolle“ bekamen bis zum Alter von 20 Jahren ungeplant ein Kind. In dieser Zahl sind nicht nur Mädchen erfasst, sondern auch Burschen, die natürlich ebenfalls ungeplant Vater werden können. Bei den Kindern mit „mittlerer Selbstkontrolle“ waren es nur sechs Prozent und bei den Kindern mit „sehr hoher Selbstkontrolle“ lediglich drei Prozent.

Bemerkenswert ist, dass die drei Aspekte nicht unabhängig voneinander sind, sondern häufig zwei oder drei Merkmale bei derselben Person zutreffen, beispielsweise frühes Rauchen und Schulabbruch. Daraus kann sich eine Kombination von gesundheitlichen und beruflichen Problemen ergeben, die die weiteren Perspektiven im Leben negativ beeinflussen kann. Darum ist es wertvoll, dass Moffitt und Kollegen auch die Lebensumstände im Erwachsenenalter analysierten.

In einer 2011 publizierten Arbeit konzentrierten sich Moffitt und Kollegen auf die Lebensumstände der Studienteilnehmer, als diese 32 Jahre alt waren. Der Gesundheitszustand in diesem Alter wurde danach beurteilt, ob eine Person Stoffwechselerkrankungen, Atemwegsprobleme, Zahnbetterkrankungen, sexuell übertragbare Krankheiten oder erhöhte Entzündungswerte hatte. Bei 43 Prozent der Studienteilnehmer lag keines der fünf verschiedenen Krankheitsbilder vor, bei 37 Prozent eines und bei 20 Prozent zwei oder mehrere. Jene Personen, die als Kind in den ersten Lebensjahren in die Kategorie „sehr geringe Selbstkontrolle" eingestuft worden waren, hatten eine deutlich höhere Wahrscheinlichkeit für das Vorliegen mindestens eines Krankheitsbildes als Personen mit „sehr hoher Selbstkontrolle" in der Kindheit. Die Gruppe der Personen mit „sehr geringer Selbstkontrolle" litt auch häufiger unter Alkohol- und Drogenproblemen.

Moffitt und Kollegen untersuchten auch die finanzielle Situation der Dunediner Studienteilnehmer im Alter von 32 Jahren. Dazu verwendeten sie Daten über das Einkommen der Teilnehmer, ob sie Vermögenswerte (wie Häuser, Wohnungen, Grundstücke oder Lebensversicherungen) besaßen oder ob sie in ihrem Leben jemals Schwierigkeiten mit der Rückzahlung von Krediten hatten. Wiederum zeigte sich, dass das Ausmaß an Selbstkontrolle in der Kindheit mit großen Unterschieden im Alter von 32 Jahren einherging. Teilnehmer, die als Kind eine „sehr hohe Selbstkontrolle" hatten, hatten mit höherer Wahrscheinlichkeit Ersparnisse und Vermögen (etwa in Form von Immobilien), eine höhere Ausbildung und weniger oft Schwierigkeiten mit Krediten und deren Bedienung.

Auch im Hinblick auf die eigene Familiensituation gab es deutliche Unterschiede. Im Alter von 32 Jahren waren 47 Prozent der Studienteilnehmer selbst Eltern mit mindestens einem Kind. Ein nicht unbeträchtlicher Anteil davon lebte allerdings nicht mehr mit dem zweiten Elternteil zusammen in einem gemeinsamen Haushalt. Das Ausmaß an Selbstkontrolle im Kindheitsalter hatte wiederum einen systematischen Einfluss auf die Wahrscheinlichkeit, in einem Alleinerzieherhaushalt zu leben. Unter der Voraussetzung, dass ein Studienteilnehmer mindestens ein Kind hatte, lebten die Personen mit „sehr hoher Selbstkontrolle" in der Kindheit nur in 25 Prozent der Fälle in einem Alleinerzieherhaushalt – was im Normalfall hieß, dass eine Frau mit ihren Kindern allein lebte beziehungsweise ein Mann seine Kinder verlassen hatte. In der Gruppe mit „mittlerer Selbstkontrolle" lag der Anteil bei 50 Prozent. Die Gruppe der Personen mit „sehr geringer Selbstkontrolle“ hatte schließlich eine Wahrscheinlichkeit von knapp 60 Prozent, in einem Alleinerzieherhaushalt zu leben. Selbstkontrolle in der Kindheit scheint also auch auf die Lebensumstände zu wirken, wenn jemand selbst in die Phase einer Familiengründung kommt. Dass Menschen mit sehr unkontrolliertem Verhalten im Zusammenleben nicht immer einfach sind, trägt sicher zur Erklärung dieses Musters bei.

Personen mit Selbstkontrollproblemen waren auch häufiger spielsüchtig. Die Versuchsteilnehmer wurden anhand ihrer Antworten in einem Fragebogen zu Suchtverhalten als spielsüchtig oder nicht spielsüchtig klassifiziert. Dies geschah sowohl im Alter von 21 als auch mit 32 Jahren. Als spielsüchtig wurde jemand eingestuft, der in mindestens einem der beiden Erhebungszeitpunkte einen kritischen Fragebogenwert (als Indikator für das Vorliegen einer Spielsucht) überschritt. Bei den Personen, die als Kind „sehr geringe Selbstkontrolle“ gezeigt hatten, lag diese Rate bei ungefähr 25 bis 30 Prozent, während sie bei den Personen mit „sehr hoher Selbstkontrolle“ bei lediglich zehn bis 15 Prozent lag. Das bedeutet, dass das Risiko, als spielsüchtig klassifiziert zu werden, bei Menschen mit geringer Selbstkontrolle ungefähr doppelt so hoch wie bei Menschen mit hoher Selbstkontrolle war.

Neben der Gesundheit, dem finanziellen Gebaren, der Familiensituation und dem Vorliegen einer Spielsucht lässt sich auch die Kriminalitätsrate mit der Selbstkontrolle in der Kindheit in Zusammenhang bringen. Moffitt und Kollegen hatten Zugang zu den Strafregisterauszügen in Neuseeland und Australien, um zu prüfen, ob Studienteilnehmer im Laufe ihres Lebens einen Eintrag (einer Straftat) im betreffenden Register hatten. Insgesamt hatten 24 Prozent aller Teilnehmer mindestens einen Eintrag und waren damit mindestens einer Straftat für schuldig befunden worden. Wiederum ist der Zusammenhang mit der Klassifizierung des Ausmaßes an Selbstkontrolle in der Kindheit aufschlussreich. Personen mit „sehr hoher Selbstkontrolle“ hatten in zwölf Prozent der Fälle einen Strafregistereintrag, jene mit mittelmäßiger Selbstkontrolle in 23 Prozent und jene mit „sehr geringer Selbstkontrolle“ in 44 Prozent der Fälle. Auch dieser Zusammenhang ist sehr plausibel, zumal Kriminalität offenbar häufig mit sehr geringer Frustrationstoleranz – und damit geringer Selbstkontrolle – einhergeht.

Warum zahlt sich Geduld in der Jugend im Erwachsenenalter aus? – Ergebnisse aus Schweden

Auch in Schweden wurden mehrere Langzeitstudien durchgeführt. Eine davon erfasste alle in Stockholm lebenden Kinder, die 1953 geboren wurden. Über 10.000 dieser Kinder beantworteten im Jahr 1966 – also im Alter von 13 Jahren – die folgende Frage in einem Fragebogen, wobei die verwendeten Geldbeträge in ihrem heutigen Wert und in Euro angegeben sind: „Wenn du wählen müsstest zwischen 100 Euro jetzt gleich und 1.000 Euro in fünf Jahren, welche Wahl würdest du treffen?" Als Antwortmöglichkeiten standen zur Auswahl:

1) „Auf jeden Fall die 100 Euro jetzt gleich."
2) „Wahrscheinlich die 100 Euro jetzt gleich."
3) „Ich kann mich nicht entscheiden."
4) „Wahrscheinlich die 1.000 Euro in fünf Jahren."
5) „Auf jeden Fall die 1.000 Euro in fünf Jahren."

Bart Golsteyn und Koautoren vom schwedischen Institut für Sozialforschung in Stockholm erhoben Daten über die Lebensumstände dieser über 10.000 Kinder in ihrem späteren Leben. Konkret sammelten die Autoren Informationen über den Gesundheitszustand, die Schullaufbahn und Ausbildung, die Beschäftigungsverhältnisse und Phasen der Arbeitslosigkeit bis zum 47. Lebensjahr der betreffenden Personen (also im Jahr 2000). Mehrere Ergebnisse der Studie von Golsteyn und Koautoren bestätigen die Zusammenhänge, wie sie aus Neuseeland im Rahmen der Dunedin-Langzeitstudie bekannt sind.

Kinder, die auf jeden Fall die 100 Euro sofort wählen wollten, waren mit ungefähr zwei Prozent höherer Wahrscheinlichkeit übergewichtig und fettleibig, verglichen mit allen anderen Kindern. Starkes Übergewicht, besonders wenn es über viele Jahre gegeben ist, kann Folgeerkrankungen nach sich ziehen, die die Lebenserwartung beeinträchtigen. So kann es etwa zu Bluthochdruck, Diabetes oder erhöhtem Herzinfarktrisiko führen. Deshalb überrascht es nicht, dass in der Studie von Golsteyn und Koautoren sogar ein Zusammenhang zwischen Geduld und dem Sterberisiko gefunden wurde, der sich aufgrund einer ungesunden Lebensweise und Ernährung ergibt. Die Wahrscheinlichkeit, vor dem 50. Lebensjahr zu sterben, war für die ungeduldigsten Kinder mit der Antwortmöglichkeit 1) um fast einen Prozentpunkt höher als für alle anderen Kinder mit den Antwortmöglichkeiten 2) bis 5).

In beruflicher Hinsicht waren die ungeduldigsten Kinder häufiger arbeitslos, nämlich um etwa 15 Prozent länger als die anderen Studienteilnehmer. Die Personen, die als Kinder als ungeduldig eingestuft worden waren, mussten als Konsequenz der längeren Arbeitslosigkeit mehr Sozialleistungen in Anspruch nehmen. Das jährliche Einkommen dieser Personen im Alter von 47 Jahren war um ungefähr elf Prozent geringer als das Einkommen jener Personen, die mit 13 Jahren die Antwort „Auf jeden Fall die 1.000 Euro in fünf Jahren" gegeben hatten.

Die Ursache für den Zusammenhang von Geduld im Jugendalter und höherem Einkommen als Erwachsener ist die bessere Ausbildung von geduldigen Kindern und Jugendlichen. Golsteyn und Koautoren konnten zeigen, dass die geduldigen Kinder bessere Noten hatten, länger in die Schule gingen und damit eine bessere Ausbildung bekamen. Wiederum gilt diese Aussage selbst dann, wenn man in der statistischen Auswertung die Intelligenz der Kinder berücksichtigt. Das heißt, selbst bei gleichem Intelligenzquotienten hatten Kinder, die auf die Frage nach den 100 Euro sofort oder den 1.000 Euro in fünf Jahren den größeren Betrag wählten, in der Schule bessere Noten, blieben länger in Ausbildung und erwarben damit höhere Bildungsabschlüsse. Diese Abschlüsse zahlten sich dann auf dem Arbeitsmarkt mit höheren Löhnen aus. Im Fall Schwedens war das auch durch den Umstand bedingt, dass die geduldigeren Kinder in der Sekundarschule häufiger den naturwissenschaftlichen Zweig wählten, was in Schweden Anfang der 1970er Jahre noch die Voraussetzung für eine Zulassung zu einem Hochschulstudium war. Geduldige Kinder werden also deshalb als Erwachsene im Schnitt reicher, weil sie länger in ihre Ausbildung investieren. Mit anderen Worten heißt das auch, dass sie länger gewillt sind, auf eigenes Einkommen zu verzichten und stattdessen länger (und erfolgreicher) die Schulbank zu drücken.

Insgesamt zeigen also Längsschnittstudien aus verschiedenen Teilen der Welt, dass ein Zusammenhang zwischen Geduld – häufig auch verstanden als Selbstkontrolle – im Kindes- und Jugendalter und dem Gesundheitszustand beziehungsweise beruflichen Erfolg im Erwachsenenalter besteht. An mehreren Stellen habe ich darauf hingewiesen, dass natürlich auch andere Faktoren eine Rolle spielen, beispielsweise die Intelligenz einer Person oder ihr Elternhaus. Diesen beiden Faktoren und ihrem Bezug zur Geduld sind die beiden folgenden Kapitel gewidmet.

VOM STILLEN UND DER ELTERLICHEN GEDULD: DER EINFLUSS DES ELTERNHAUSES

Kinder werden in den ersten Jahren ihres Lebens naturgemäß besonders stark von ihren Eltern und dem familiären Umfeld geprägt. Aus diesem Grund ist es naheliegend zu erwarten, dass das Elternhaus auch einen Einfluss auf die Geduld und Selbstkontrolle eines Kindes ausüben kann.

Wie das mütterliche Verhalten auf die Geduld von fünf- bis sechsjährigen Kindern wirkt

Björn Bartling, Ernst Fehr und Kollegen von der Universität Zürich führten 2008 eine Studie durch, in der sie im Rahmen einer repräsentativen Bevölkerungsstichprobe 270 Mütter mit ihren jeweils fünf- bis sechsjährigen Kindern interviewten. Die Befragungen fanden in den Haushalten der jeweiligen Familien statt, sodass die Kinder in ihrer natürlichen Umgebung waren. Während die Mutter einen längeren Fragebogen beantwortete, wurde die Geduld ihres Kindes auf exakt jene Weise gemessen, wie sie zu Beginn dieses Buches am Beispiel von Clara und Elke beschrieben wurde. Das Kind bekam von einem Interviewer ein geöffnetes und ein geschlossenes Päckchen Gummibären. Wenn das Kind bis zum Ende des Interviews mit seiner Mutter nichts aus dem geöffneten Päckchen aß, dann bekam es auch das zweite Päckchen, andernfalls aber nicht.

Von den 270 Kindern warteten 211 – knapp drei Viertel – geduldig bis zum Ende des Interviews mit der Mutter, das immerhin im Durchschnitt etwa 40 Minuten dauerte. 59 Kinder – etwa ein Viertel – warteten nicht, sondern aßen schon vor dem Ende des Interviews aus dem geöffneten Päckchen. Von diesen 59 Kindern warteten mehr als die Hälfte weniger als vier Minuten, also nur eine sehr kurze Zeit.

Während des Interviews mit den Müttern wurde auch deren Geduld bei finanziellen Entscheidungen gemessen. Dazu mussten die Mütter zwischen 100 Euro zu einem früheren Zeitpunkt und einem größeren Betrag zu einem späteren Zeitpunkt wählen. Der frühere Betrag wurde entweder sofort oder in sechs Monaten ausbezahlt, der spätere jeweils sechs oder zwölf Monate später. Dabei stieg der spätere Betrag schrittweise an, um messen zu können, ab welchem Betrag eine Mutter sechs oder zwölf Monate zu warten bereit wäre. Jede siebte Mutter erhielt für ihre Entscheidungen tatsächlich Geld. Falls bei der relevanten Entscheidung der spätere Betrag gewählt wurde, wurde dieser nach sechs oder zwölf Monaten überwiesen.

Die Entscheidungen der Mütter zeigen eine ähnliche Vielfalt, wie sie in diesem Buch bereits für viele Gruppen dokumentiert wurde. Es gibt die sehr Geduldigen, die bereits für einen kleinen Zugewinn sechs oder zwölf Monate zuwarten, und es gibt die sehr Ungeduldigen, die immer die 100 Euro zum ehestmöglichen Zeitpunkt bevorzugen, und dann gibt es alle Abstufungen dazwischen. Das ist aber hier weniger bedeutsam. Uns interessiert, wie die Entscheidungen der Mütter mit jenen ihrer Kinder zusammenhängen. Hier zeigt sich ein klares Ergebnis. Wenn eine Mutter geduldigere Entscheidungen trifft – also häufiger den größeren Betrag zu einem späteren Zeitpunkt wählt –, dann schafft es auch ihr Kind häufiger, bis zum Ende des Interviews keine Gummibärchen aus der geöffneten Packung zu essen.

Die Größenordnung des Zusammenhangs lässt sich ungefähr folgendermaßen veranschaulichen: Zuerst teilt man die Gruppe aller Mütter anhand der Häufigkeit ein, mit der eine Mutter den größeren Betrag zum späteren Zeitpunkt wählt. Dann bildet man entsprechend dieser Einteilung vier gleich große Gruppen. Im ersten Viertel seien die ungeduldigsten Mütter und im vierten Viertel die geduldigsten. Nun kann man Kinder vergleichen, deren Mütter benachbarten Vierteln zugeordnet sind. Beispielsweise kann eine Mutter im ersten Viertel sein und die andere im zweiten Viertel. Dann hat das Kind mit der Mutter aus dem zweiten Viertel eine um ungefähr sechs Prozentpunkte höhere Wahrscheinlichkeit, bis zum Ende des Interviews keine Gummibärchen aus der geöffneten Packung zu essen.

Der klare Zusammenhang zwischen den Entscheidungen einer Mutter und ihres Kindes mag auf den ersten Blick überraschend wirken, weil es sich um zwei vollkommen verschiedene Entscheidungssituationen handelt. Für die Mutter geht es um das Abwägen von verschiedenen Geldbeträgen zu einem früheren und einem späteren Zeitpunkt. Das Kind hingegen muss darüber entscheiden, ob es aus einer geöffneten Packung Gummibärchen eines oder mehrere herausnehmen und essen will. Das gemeinsame Element beider Entscheidungssituationen besteht darin, dass zukunftsorientiertes Handeln zu einer größeren Belohnung führt, entweder einem höheren Geldbetrag oder einer zusätzlichen Packung Gummibärchen. Das Verhalten der Mutter bei zukunftsorientierten Entscheidungen geht also im Wesentlichen Hand in Hand mit den Entscheidungen des Kindes. Das legt den Schluss nahe, dass die Mutter durch ihr Verhalten ihrem Kind gegenüber auch einen Einfluss auf die Fähigkeit des Kindes hat, auf eine größere Belohnung in der Zukunft zu warten. Frühere Studien von Walter Mischel weisen darauf hin, dass Nachahmung dabei eine große Rolle spielt. Wenn die Mutter geduldiges Verhalten vorlebt, ist es eher zu erwarten, dass auch ihr Kind geduldig ist.

Bartling und Koautoren erhoben in ihrem Fragebogen für die Mütter auch Informationen über die frühkindliche Mutter-Kind-Beziehung, um weitere Erkenntnisse über die möglichen Einflussfaktoren auf das kindliche Verhalten zu gewinnen. Ein zentraler Indikator war der Zeitraum, über den ein Kind gestillt wurde. Grundsätzlich befördert Stillen das Wachstum des Kindes und wird häufig als positiv für die Entwicklung der kognitiven Fähigkeiten eines Kindes angesehen. Besteht auch ein Zusammenhang zur Geduld eines Kindes?

Von den 270 Müttern, die an der Studie von Bartling und Koautoren teilnahmen, stillten 213 ihre Kinder. Die durchschnittliche Stilldauer dieser 213 Mütter betrug knapp über fünf Monate. Die Dauer des Stillens war dabei allerdings unterschiedlich bei jener Gruppe von Kindern, die nicht auf die zweite Packung Gummibärchen warten konnte, und jener, die dazu fähig war. Die Gruppe der ungeduldigen Kinder wurde knapp über vier Monate gestillt, während die Dauer bei den geduldigen Kindern knapp sechs Monate betrug. Der Unterschied ist statistisch bedeutsam und belegt für diese Gruppe einen positiven Zusammenhang zwischen der Stilldauer und der Fähigkeit von Kindern, auf eine (größere) Belohnung warten zu können. Es sei hier der Vollständigkeit halber erwähnt, dass es keinen Unterschied beim Warten auf die zweite Packung Gummibärchen zwischen jenen Kindern gab, die gestillt wurden (wie lang auch immer), und jenen, die nicht gestillt wurden. Man kann aus den vorigen Ergebnissen also nicht schließen, dass das Stillen an sich einen Zusammenhang zur Geduld eines Kindes hat. Unter der Voraussetzung, dass ein Kind gestillt wird, hat die Dauer des Stillens hingegen schon einen Einfluss. Dieses grundsätzliche Ergebnis lässt sich im Übrigen auch für Studenten im Alter von 20 bis 25 Jahren bestätigen. Eine längere Stilldauer in der frühesten Kindheit geht Hand in Hand mit geduldigeren Entscheidungen dieser Studenten in einem Experiment zur Messung von Geduld.

Väter, Bildungshintergrund und Einkommen

Nach so vielen Worten über den Einfluss der Mutter ist es notwendig, die – bisher relativ geringen – Erkenntnisse über den Einfluss des Vaters zu erwähnen. Bereits in den 1960er Jahren untersuchte Walter Mischel, welche Rolle Väter für das Verhalten der Vorschulkinder in seinem Marshmallow-Experiment hatten. Dabei fiel ihm auf, dass Kinder aus Familien ohne Väter deutlich größere Schwierigkeiten hatten, auf ein zweites Marshmallow zu warten, als Kinder aus Familien, in denen die Väter im Haushalt lebten. Die Anwesenheit oder Abwesenheit des Vaters hat naturgemäß einen Einfluss auf den Wohlstand eines Haushalts, was die Frage aufwirft, ob die Bildung und das Einkommen von (anwesenden) Vätern einen Einfluss auf die Geduld der Kinder haben könnten. Die schwedische Studie von Golsteyn und Koautoren gibt Antworten auf diese Frage.

Für die Stockholmer Kinder mit Geburtsjahrgang 1953 war den Autoren der Studie das Einkommen beider Elternteile im Jahr 1963 bekannt. Die Abfrage der Geduld – 100 Euro jetzt oder 1.000 Euro in fünf Jahren – fand im Jahr 1966 statt, sodass die Einkommensdaten aus dem Jahr 1963 einen guten Indikator für den Wohlstand einer Familie während der Kindheit eines Studienteilnehmers darstellten. Zusätzlich zu den Einkommensdaten war auch die Ausbildung – das heißt die Länge der Ausbildung in Jahren und der höchste Bildungsabschluss – bekannt. Für die schwedischen Kinder zeigte sich, dass Kinder von Eltern mit höherem Bildungsabschluss geduldiger waren. Das galt sowohl für den Bildungsabschluss der Mutter als auch jenen des Vaters. Mit anderen Worten, Kinder von Eltern mit höherer Bildung gaben eher an, dass sie wahrscheinlich oder auf jeden Fall die 1.000 Euro in fünf Jahren lieber hätten als die 100 Euro sofort.

Beim Einkommen gab es interessanterweise unterschiedliche Wirkungen. Ein höheres Einkommen des Vaters ging einher mit einem höheren Ausmaß an Geduld des Kindes. Kinder mit besser verdienenden Vätern gaben also häufiger an, dass sie auf die 1.000 Euro in fünf Jahren warten würden. Bei der Mutter verhielt sich der Zusammenhang aber umgekehrt. Mütter mit einem höheren Einkommen hatten ungeduldigere Kinder. Das Einkommen hatte also nicht immer denselben Effekt auf die Geduld des Kindes. Eine mögliche Erklärung für diesen Unterschied könnte folgendermaßen lauten: Ein geringeres Einkommen der Mutter bedeutet häufig, dass eine Mutter nicht oder nur wenige Stunden arbeitet. Das ermöglicht der Mutter aber, mehr Zeit mit ihrem Kind zu verbringen. Letzteres könnte dann wiederum positive Auswirkungen auf die Selbstkontrollfähigkeiten und die Geduld des Kindes haben. Diese Interpretation passt jedenfalls mit den Ergebnissen von Bartling und Koautoren aus Deutschland zusammen, insofern längeres Stillen von Säuglingen einen positiven Einfluss auf die Geduld eines Kindes hat. Wer länger stillt, kann meist weniger schnell in den Beruf zurückkehren, was zumindest temporär mit einem geringeren Einkommen der Mutter einhergeht. Das ist dann konsistent mit den schwedischen Ergebnissen.

Der Einfluss des familiären Umgangs miteinander: Was haben gebrochene Versprechen mit Geduld zu tun?

Der Einfluss von elterlichem Einkommen und Bildungshintergrund sagt noch nichts darüber aus, ob nicht ganz bestimmte Verhaltensweisen mehr oder weniger förderlich für die Geduld eines Kindes sind. Aus den Studienergebnissen für Schweden und Deutschland beispielsweise lassen sich keine Rückschlüsse darauf ziehen, ob Eltern mit höherem Einkommen oder Bildungsniveau sich ihren Kindern gegenüber anders verhalten als Eltern mit geringerem Einkommen oder Bildungsniveau. Lediglich die Evidenz für das Stillen betrifft ein sehr persönliches Verhältnis zwischen einer Mutter und ihrem Kind. Länger gestillte Kinder sind geduldiger. Hier interessiert uns nun, ob auch andere Verhaltensweisen von Eltern ihren Kindern gegenüber ebenfalls mit dem Ausmaß an Geduld zusammenhängen. Da für wissenschaftlich fundierte Aussagen möglichst gut vergleichbare Entscheidungssituationen notwendig sind, lässt sich diese Frage am leichtesten durch eine kontrollierte Studie beantworten, aus der dann Analogieschlüsse für familiäre Einflüsse auf die Geduld der Kinder gezogen werden können. Das ist der folgende Ansatz.

Konkret geht es um die Frage, ob die Verlässlichkeit des familiären Umfelds für das Verhalten von Kindern im Hinblick auf zukunftsorientierte Entscheidungen eine Rolle spielt. Man kann sich leicht vorstellen, dass ein Kind leichter auf eine größere Belohnung in der Zukunft wartet, anstatt eine kleine Belohnung sofort zu nehmen, wenn sich das Kind sicher ist, dass es die größere Belohnung in der Zukunft auch wirklich bekommen wird. Das berührt allerdings nicht primär die Frage, ob das

Kind in der Zukunft die größere Belohnung überhaupt noch haben will. Gerade wenn die Zukunft nur wenige Minuten, Stunden oder Tage entfernt ist, kann man davon ausgehen, dass sich die grundsätzlichen Vorlieben und Wünsche eines Kindes nicht verändern. Es geht vielmehr um die Frage, ob in der Zukunft das Versprechen der größeren Belohnung gehalten wird. Wenn das nicht zu erwarten ist, ist es unter Umständen eine sehr normale und naheliegende Reaktion eines Kindes, gar nicht auf die größere Belohnung in der Zukunft zu warten, sondern lieber die sichere Variante der kleineren Belohnung gleich jetzt zu wählen.

Celeste Kidd und Koautoren von der Universität von Rochester führten eine Untersuchung mit 28 Kindern im Alter von dreieinhalb bis fünfeinhalb Jahren durch, in der sie untersuchten, wie gebrochene Versprechen die Bereitschaft eines Kindes beeinflussen, auf eine größere Belohnung zu warten. Zu Beginn der Studie wurden die Kinder eingeladen, etwas zu malen und ein vorgefertigtes Bild mit Abziehbildchen zu verschönern. Den Kindern wurde zum Malen zuerst eine Packung sehr abgenutzter, kleiner und schlecht gespitzter Malstifte vorgelegt. Ein Versuchsleiter versprach dann jedem Kind, dass das Kind gerne diese Malstifte benutzen, aber auch ganz neue bekommen könne, wenn es ein klein wenig warten würde, bis der Versuchsleiter die neuen Stifte aus einem Nebenraum geholt hätte. Da die alten Stifte absichtlich in sehr schlechtem Zustand und damit kaum mehr zum Malen zu gebrauchen waren, baten alle Kinder den Versuchsleiter, doch bitte die neuen Stifte zu holen. Nach zweieinhalb Minuten kam der Versuchsleiter wieder zurück in den Raum. Für die eine Hälfte der Kinder brachte er ganz neue Malstifte mit und die Kinder konnten sie zum Zeichnen benützen. Bei der anderen Hälfte der Kinder allerdings kam der Versuchsleiter ohne neue Malstifte zurück und sagte, dass leider doch keine neuen Malstifte mehr zur Verfügung stünden und das Kind deshalb mit den alten Stiften malen müsse. Dasselbe Vorgehen wurde danach auch bei den Abziehbildchen angewandt. Zuerst bekamen die Kinder alte und sehr unattraktive zum Verschönern eines Bildes, konnten aber zuwarten, bis ein Versuchsleiter ganz neue und glitzernde holen würde. Auch in diesem

Fall warteten alle Kinder, bis der Versuchsleiter aus dem Nebenraum zurückkam. Jedoch bekam wieder eine Hälfte der Kinder – dieselben 14, die schon mit den alten Stiften hatten malen müssen – mitgeteilt, dass es leider doch keine neue Abziehbildchen gebe, während die andere Hälfte ganz neue bekam. Dann konnten die Kinder die verfügbaren Abziehbildchen zur Verschönerung eines Bildes verwenden.

Das eigentliche Experiment zur Messung von Geduld fand erst unmittelbar danach statt. Der Versuchsleiter räumte die Bilder, Malstifte und Abziehbildchen vom Tisch jedes Kindes weg und legte ihm eine Süßigkeit auf den Tisch. Das Kind konnte die Süßigkeit sofort essen. Jedoch versprach der Versuchsleiter dem Kind eine zweite Süßigkeit, wenn es mit dem Essen der ersten Süßigkeit warten könnte, bis der Versuchsleiter aus einem anderen Raum die zweite geholt hätte. Dann verließ der Versuchsleiter den Raum und kam nach 15 Minuten zurück. Während der Abwesenheit konnte sich das Kind mit Spielsachen beschäftigen oder die eine Süßigkeit essen. Eine versteckte Kamera im Versuchsraum zeichnete auf, ob und wie lange ein Kind wartete, bevor es die Süßigkeit aß.

Die entscheidende Frage bestand nun darin, wie die Kinder beim Experiment zur Messung der Geduld auf die Verlässlichkeit beziehungsweise Unverlässlichkeit des Versuchsleiters im Hinblick auf die Malstifte und Abziehbildchen reagieren würden. Die Hypothese war, dass schlechte Erfahrungen mit dem Versuchsleiter auch dazu führen würden, dass die Kinder dem Versuchsleiter nicht glaubten, dass sie eine zweite Süßigkeit bekämen, wenn sie die erste Süßigkeit nicht sofort essen würden.

Die Ergebnisse zeigten exakt einen solchen Zusammenhang. Von den 14 Kindern, die einen „unverlässlichen" Versuchsleiter hatten, wartete ein einziges auf die zweite Süßigkeit. Alle anderen Kinder aßen die eine Süßigkeit sehr schnell. Im Durchschnitt warteten diese Kinder drei Minuten, bis sie die Süßigkeit aßen. In der anderen Gruppe von jenen 14 Kindern, die einen „verlässlichen" Versuchsleiter erlebt hatten, warteten neun Kinder geduldig, bis der Versuchsleiter mit der zweiten Süßigkeit zurückkam. Die durchschnittliche Wartezeit dieser Kinder betrug zwölf Minuten, also das Vierfache der anderen Gruppe. Da die gesamte Gruppe aller 28 Kinder zufällig in die beiden Untergruppen mit den „verlässlichen" beziehungsweise „unverlässlichen" Versuchsleitern eingeteilt worden war, musste das Verhalten des Versuchsleiters die starken Unterschiede hervorgerufen haben. Weil die Kinder erlebten, dass eine Ankündigung respektive ein Versprechen zwei Mal nicht eingehalten wurde, aßen sie lieber sehr schnell die Süßigkeit vor ihnen auf dem Tisch. Kinder mit guten Erfahrungen bezüglich der Verlässlichkeit eines Versprechens warteten hingegen viel eher auf eine größere Belohnung in der Zukunft.

Die Ergebnisse dieser Studie zeigen sehr klar, dass es nicht nur individuelle Unterschiede in der Fähigkeit zu warten gibt, sondern auch die äußeren Rahmenbedingungen einen wichtigen Einfluss auf die Bereitschaft haben, geduldig auf eine größere Belohnung in der Zukunft zu warten. Wenn sich ein Kind nicht sicher sein kann, dass ein Versprechen in der Zukunft eingehalten wird, dann ist es sehr verständlich und aus Sicht des Kindes sogar eine sinnvolle Entscheidung, nicht zuzuwarten. Wenn Erwartungen enttäuscht und Versprechen nicht eingehalten worden sind, kann man einem Kind auch nur sehr schwer vermitteln, warum es auf etwas jetzt gleich verzichten soll, um in der Zukunft mehr zu erhalten. Das betrifft dann nicht nur eine Süßigkeit jetzt im Vergleich zu zwei Süßigkeiten in 15 Minuten, sondern ganz allgemein Entscheidungen, in denen ein Kind zwischen dem Hier und Jetzt und der Zukunft abzuwägen hat. Dass das auch für den Umgang von Eltern mit ihren Kindern gilt, liegt auf der Hand. Erziehung basiert sehr häufig auf den Anreizen, die Eltern ihren Kindern geben, um ein Ziel zu erreichen. Solche Ziele können Kleinigkeiten des alltäglichen Lebens betreffen – beispielsweise den Wunsch, dass ein Kind das Essen aufisst, oder die Bitte, das Kinderzimmer nach dem Spielen aufzuräumen –, sie können aber ebenso wichtige Aspekte für die Ausbildung betreffen, wenn etwa Eltern Belohnungen für gute Schulnoten, besonderen Fleiß oder Einsatz in der Schule in Aussicht stellen. Solche Belohnungen nach der Ankündigung ohne Grund doch nicht herzugeben, hat problematische Auswirkungen zumindest auf die Bereitschaft von Kindern, auf langfristige Ziele hinzuarbeiten. Wenn aus Sicht eines Kindes die Versprechungen von Eltern oder anderen wichtigen Bezugspersonen – das gilt auch für Lehrer – nicht verlässlich sind und ein Kind seine Umgebung damit als unberechenbar erfährt, dann unterminiert das zukunftsorientiertes Verhalten, weil es in dem Fall für das Kind viel sicherer und attraktiver ist, sich anstatt auf mögliche Belohnungen in der Zukunft auf die hier und jetzt verfügbaren Möglichkeiten zu konzentrieren und diese anzustreben. Das Einnehmen einer längerfristigen Perspektive wird damit schwerer und langfristige Ziele werden weniger motivierend, weil ein Kind sich nicht mehr sicher sein kann, ob es nach der Zielerreichung die versprochene Belohnung überhaupt bekommt. Die Verlässlichkeit von Eltern und wichtigen Bezugspersonen hat damit eine ganz große Bedeutung für Kinder, wenn sie Entscheidungen für die Zukunft treffen.

Die Bedeutung der Verlässlichkeit von Versprechen gilt übrigens nicht nur bei der Erziehung von Kindern, sondern sie gilt auch für Erwachsene. Im Berufsleben beispielsweise ist es für Unternehmen wichtig, dass Mitarbeitern Anreize zur Verfolgung langfristiger Ziele geboten werden, etwa bei der Entwicklung eines neuen Produkts. Solche Anreize bestehen normalerweise in Belohnungen, zum Beispiel in Form von Beförderungen, Gehaltserhöhungen, Bonuszahlungen oder Auszeichnungen. Es wäre für ein Unternehmen fatal, nach der angestrebten Zielerreichung die gegebenen Versprechen nicht einzuhalten. Eine solche Enttäuschung würde einerseits die Motivation der Mitarbeiter stark negativ beeinflussen. Andererseits würde es einem Unternehmen in der Zukunft sehr schwerfallen, langfristige Ziele durch das Schaffen von Anreizen zu erreichen. Wenn die Glaubwürdigkeit eines Unternehmens erst einmal erschüttert ist, dann braucht es viel Aufwand, um neues Vertrauen herzustellen. Während dieser Aufbauphase werden die Mitarbeiter aber weniger motiviert bei der Verfolgung der unternehmerischen Ziele sein.

Dieses Kapitel hat nun mehrere Aspekte von äußeren Rahmenbedingungen untersucht, die für das Ausmaß an Geduld wichtig sind. Im

Zentrum standen die familiären Rahmenbedingungen von Kindern, die in vielerlei Art und Weise auf die Geduld wirken – etwa das Stillen der Mutter, die Bildung und das Einkommen der Eltern oder die Verlässlichkeit des elterlichen Umfelds.

Wann immer ich aber in Vorträgen über Geduld und ihre Auswirkungen auf den Lebenserfolg eines Menschen spreche, höre ich häufig den Einwand, dass Geduld nur ein Ausdruck der Intelligenz eines Kindes wäre und dass darum der einzig wichtige Faktor für Erfolg im Leben die Intelligenz eines Kindes sei. Dasselbe Argument wird vorgebracht, wenn ich über die elterlichen Einflüsse referiere, wie sie in diesem Kapitel geschildert worden sind. Geht es also wirklich nur um Intelligenz und hat das bisher Gesagte diesen Punkt irrtümlicherweise übersehen? Oder um in den umgedrehten Worten des Untertitels dieses Buches zu sprechen: Schlägt am Ende doch das Talent die Ausdauer (beziehungsweise die Intelligenz die Geduld)? Das muss als Nächstes genauer unter die Lupe genommen werden.

ALLES NUR EINE FRAGE DER INTELLIGENZ? GEDULD UND IQ

Hängen Geduld und Intelligenz zusammen? Erkenntnisse von Kindern und Jugendlichen

Die Studie von Björn Bartling und Kollegen stellt einen guten Startpunkt auch für dieses Kapitel dar. Das Forschungsteam konnte ja zeigen, dass eine längere Stilldauer einen Einfluss auf die Geduld von fünf- bis sechsjährigen Kindern hat und dass geduldigere Mütter auch geduldigere Kinder haben. Im Rahmen dieser Studie wurde auch ein Maß für die verbale Intelligenz der Kinder erhoben. Dazu bekam ein Kind jeweils einen Begriff genannt und musste dann aus vier verschiedenen Abbildungen jene auswählen, die den Begriff am besten darstellte. Beispielsweise konnte „Winter“ ein solcher Begriff sein und auf den vier Abbildungen war jeweils ein Baum abgebildet, einmal mit Knospen, einmal mit satten Blättern, einmal mit kahlen Ästen und einmal mit Schnee auf den Ästen. Insgesamt mussten die Kinder für 61 verschiedene Begriffe jeweils eine der vier Abbildungen auswählen. Im Schnitt wählten die Kinder in 50 der 61 Fälle die richtige Abbildung aus. Eine Hälfte der Kinder gab 51 oder mehr richtige Antworten, während die andere Hälfte zwischen 19 und 50 richtige Antworten gab. Jene Kinder, die bis zum Ende des Interviews mit ihrer Mutter gewartet und kein Gummibärchen aus der geöffneten Packung genommen hatten, ordneten durchschnittlich 51 Begriffe den richtigen Abbildungen zu. Dagegen waren es bei den Kindern, die bereits vor dem Ende des Interviews mit der Mutter aus der geöffneten Packung zu essen begonnen hatten, nur 48 richtige Antworten. Das ist ein erster Hinweis darauf, dass Geduld und Intelligenz zusammenhängen. Es ist jedoch noch kein Anzeichen dafür, dass beide Dimensionen – Geduld und Intelligenz – dasselbe messen und darum die Berücksichtigung einer Dimension allein schon ausreichend wäre. Dieser Punkt wird in Kürze geklärt. Zunächst geht es darum, auch für andere Altersgruppen einen Zusammenhang zwischen Geduld und Intelligenz aufzuzeigen.

Für schwedische Jugendliche fanden Bart Golsteyn und Koautoren, dass Geduld und Intelligenz miteinander zu tun haben. Die über 10.000 Jugendlichen aus Stockholm und Umgebung wurden in den 1960er Jahren auch hinsichtlich ihrer kognitiven Fähigkeiten getestet. Dazu mussten sie einen Test zur mentalen Rotation von zwei- und dreidimensionalen Figuren machen. Dabei wurde den damals 13-Jährigen zuerst ein zwei- oder dreidimensionales Objekt gezeigt. Dann mussten sie aus mehreren Objekten jenes auswählen, das durch Rotation desselben Objekts – egal an welcher Achse – entstanden war. Es gab jeweils nur eine richtige Antwort. Diese richtige Antwort wurde häufiger von jenen Jugendlichen gefunden, die geduldiger waren bei der Frage, ob sie 100 Euro sofort oder lieber 1.000 Euro in fünf Jahren haben wollten. Die Studie von Golsteyn und Kollegen liefert aber bereits einen ersten Hinweis darauf, dass Geduld und Intelligenz – hier das räumliche Vorstellungsvermögen – nicht exakt dasselbe sind und durchaus unabhängig voneinander auf die Entscheidungen von Jugendlichen wirken. Dieser Hinweis ergibt sich daraus, dass Jugendliche mit dem exakt selben Grad an Intelligenz unterschiedlich hohe Ausbildungsstufen erreichen, abhängig von ihrem Grad an Geduld. Geduldigere Jugendliche investieren – bei gleicher Intelligenz – mehr Zeit in ihre Ausbildung, erwerben dadurch höhere Bildungsabschlüsse, steigen damit im Berufsleben schneller in höhere Positionen auf und verdienen damit mittel- und langfristig mehr Geld als jene Jugendlichen, die zwar gleich intelligent, aber weniger geduldig sind. Umgekehrt gilt aber auch, dass Jugendliche mit dem gleichen Ausmaß an Geduld, aber höherer Intelligenz, längere Ausbildungen absolvieren und höhere Bildungsabschlüsse erwerben als Jugendliche, die zwar dasselbe Maß an Geduld, aber eine geringere Intelligenz haben. Das belegt schon, dass Geduld und IQ einen auch voneinander unabhängigen Einfluss auf menschliches Verhalten haben müssen. Jedoch bleibt noch die Frage unbeantwortet, welche Dimension dabei relativ betrachtet wichtiger ist, die Geduld oder die Intelligenz. Darauf kommen wir im letzten Abschnitt dieses Kapitels ausführlich zurück.

Geduld in der Kindheit und kognitive Fähigkeiten im frühen Erwachsenenalter

Um die Erkenntnisse über den Zusammenhang zwischen Geduld und kognitiven Fähigkeiten weiter zu vertiefen, behandelt dieser Abschnitt eine Studie von Inge-Marie Eigsti, Walter Mischel und Koautoren. Sie gingen der Frage nach, ob die Fähigkeit, in der Kindheit auf eine größere Belohnung zu warten, mit der kognitiven Leistungsfähigkeit als junger Erwachsener zusammenhängt. Dazu führten sie mit 34 Kindern im Alter von vier bis fünf Jahren das folgende Experiment durch: Die Kinder mussten zuerst sagen, ob sie lieber eine Süßigkeit oder zwei Süßigkeiten haben wollten. Jedes Kind bevorzugte die zwei Süßigkeiten. Dann sagte der Experimentleiter, dass das Kind die beiden Süßigkeiten haben könne, wenn es 15 Minuten lang warte, bis der Experimentleiter in einem Nachbarraum eine andere Arbeit erledigt habe. Sollte das Kind nicht so lange warten wollen, dann könne es mit einer Klingel nach dem Experimentleiter rufen und nur die eine Süßigkeit essen. Der Experimentleiter ließ beide Süßigkeiten auf dem Tisch vor dem Kind liegen und verließ den Raum, in dem außer dem Tisch mit den Süßigkeiten keine Gegenstände zur Ablenkung waren, also keine Bücher, Spielsachen oder sonstige Gegenstände. Nachdem der Experimentleiter den Raum verlassen hatte, wurde das Verhalten des Kindes durch einen einseitigen Spiegel gefilmt.

Für die betreffende Untersuchung war relevant, wie viel Zeit ein Kind seine Aufmerksamkeit auf die Süßigkeiten oder die Klingel zum Rufen des Experimentleiters richtete. Je weniger Aufmerksamkeit nämlich auf diese beiden Dinge verwendet wird, indem ein Kind sich etwa umdreht, die Hände vor das Gesicht hält oder einfach ein Lied singt, umso leichter fällt das Warten. Sich abzulenken ist also eine Strategie zur Vermeidung einer Versuchung und das erfordert Selbstkontrolle. Das Verhalten eines Kindes wurde also Sekunde für Sekunde danach klassifiziert, ob ein Kind die Klingel oder die Süßigkeiten beachtete. Ein geringer Anteil an Aufmerksamkeit auf beide Dinge wurde als höherer Grad an Selbstkontrolle interpretiert.

14 Jahre später führten dieselben Autoren mit denselben 34 Kindern – die jetzt allerdings junge Erwachsene im Alter von 18 bis 19 Jahren waren – ein Experiment zur Messung der kognitiven Kontrolle durch. Die experimentelle Aufgabe wird in der Psychologie als „go/no-go"-Aufgabe bezeichnet. Dabei muss ein Versuchsteilnehmer auf einen bestimmten Typ von visuellem Anreiz reagieren, auf einen anderen Typ aber nicht. Konkret wurde den 34 Studienteilnehmern die Aufgabe gestellt, eine Maus virtuell an einem Computer zu füttern. Die Teilnehmer sahen auf dem Bildschirm für jeweils eine halbe Sekunde ein Bild eingeblendet, auf dem entweder ein Stück Käse oder eine Katze zu sehen war. Wenn das Stück Käse abgebildet war, mussten die Teilnehmer die Bestätigungstaste drücken. Wenn aber die Katze abgebildet war, durften sie diese Taste nicht drücken. Nach dem Erscheinen eines Bildes war der Bildschirm für exakt eine Sekunde schwarz, bevor das nächste Bild eingeblendet wurde und die nächste Entscheidung zu treffen war, nämlich die Bestätigungstaste zu drücken oder nicht. In dieser Aufgabe wurde die Abfolge der Bilder systematisch variiert. Das bedeutet, dass vor jedem Bild einer Katze (die *no-go*-Aufgabe) unterschiedlich viele Bilder eines Käses (die *go*-Aufgabe) kamen. Diese sich stetig verändernde Abfolge macht eine schnelle Reaktion schwierig. Die Leistung in solchen Aufgaben wird gemessen an der Reaktionszeit bei *go*-Aufgaben und an der Anzahl der falschen Reaktionen bei *no-go*-Aufgaben, wenn man also beim Bild mit der Katze fälschlicherweise die Bestätigungstaste drückt. Solche Fehler werden in der Regel häufiger, je mehr *go*-Aufgaben, also Bilder mit einem Käse, vor dem Bild mit der Katze kommen.

Es zeigte sich ein Zusammenhang zwischen dem Verhalten als Vier- bis Fünfjährige und der Leistung in der *go/no-go*-Aufgabe. Je weniger

Aufmerksamkeit jemand als Kind auf die Klingel und die Süßigkeiten gerichtet hatte, umso schneller war seine Reaktionszeit als junger Erwachsener. Die Autoren teilten die Gruppe der 34 Kinder in zwei gleich große Hälften ein, wobei in der einen Gruppe die Kinder mit relativ wenig Aufmerksamkeit auf die Klingel und die Süßigkeiten waren und in der anderen Gruppe die Kinder mit relativ viel Aufmerksamkeit. Im Durchschnitt unterschied sich die Reaktionszeit der beiden Gruppen um ungefähr acht Prozent. Personen, die sich als Kind eher auf andere Dinge als die Klingel und die Süßigkeiten konzentrieren konnten, waren schneller in ihrer Reaktionszeit, was für ein höheres Maß an kognitiver Kontrolle spricht. Intelligenz wird häufig auch mit der Geschwindigkeit assoziiert, mit der jemand kognitive Prozesse verarbeiten kann. In diesem Fall verlangte der kognitive Prozess, möglichst schnell und richtig auf ein Bild einer Katze oder eines Käses zu reagieren. Bemerkenswerterweise machte die Gruppe mit den schnelleren Entscheidungen aber nicht mehr Fehler. In vielen Aufgaben geht Geschwindigkeit auf Kosten der Genauigkeit. Das war hier nicht der Fall. Insgesamt interpretieren die Autoren ihre Ergebnisse so, dass die Fähigkeit zur Selbstkontrolle im Kindesalter etwas mit den kognitiven Fähigkeiten eines Menschen im frühen Erwachsenenalter zu tun hat. Bessere Selbstkontrolle geht demnach einher mit schnellerer Informationsverarbeitung.

Geduld und der Zusammenhang mit der Intelligenz in einer repräsentativen Stichprobe erwachsener Deutscher

Für eine repräsentative Stichprobe der deutschen Bevölkerung im Erwerbsalter gibt es Daten darüber, wie Intelligenz und Geduld zusammenhängen. Die Studienautoren Thomas Dohmen und Kollegen von der Universität Bonn befragten dafür über 500 Personen, die zwei verschiedene Formen eines Intelligenztests machten und experimentelle Entscheidungen zur Messung der Geduld trafen. In der einen Form des Intelligenztests wurden den Studienteilnehmern zuerst neun unbekannte Symbole gezeigt, die alle mit einer Zahl von 1 bis 9 versehen waren. Dann wurde auf einem Bildschirm eines der Symbole dargestellt und die Versuchsteilnehmer mussten so schnell wie möglich die dazugehörige Zahl eingeben. Die Aufgabe bestand darin, innerhalb von 90 Sekunden so viele Zuordnungen wie möglich korrekt vorzunehmen. Im Durchschnitt ordneten die Teilnehmer ungefähr 30 Symbolen die richtige Zahl zu. Der zweite Test verlangte von den Teilnehmern, innerhalb von 90 Sekunden so viele verschiedene Tiere wie möglich aufzuzählen. Das ist ein einfacher Test, der verbale Intelligenz misst. Der beste Teilnehmer konnte knapp über 70 Tiere in den 90 Sekunden nennen, was eine erstaunliche Leistung ist. Die bessere Hälfte der Teilnehmer war fähig, 22 oder mehr Tiere zu nennen, die schlechtere Hälfte zwischen einem und 21 Tieren. Insgesamt lag der Durchschnitt bei 25 Tieren.

Die Methode zur Messung der Geduld entsprach im Wesentlichen dem Vorgehen fast aller Studien, die in diesem Buch vorgestellt werden. Die Teilnehmer konnten wählen zwischen 100 Euro sofort und einem höheren Betrag in genau einem Jahr. Der höhere Betrag wurde Schritt für Schritt größer um jeweils 2,50 Euro, bis er maximal 150 Euro erreichte. Das heißt, die erste Wahl war zwischen 100 Euro sofort und 102,50 Euro in einem Jahr, die zweite Wahl zwischen 100 Euro sofort und 105 Euro in einem Jahr, und so weiter. Sobald jemand auf einen bestimmten größeren Betrag – beispielsweise auf 110 Euro – zu warten bereit war, wurde die Person gefragt, ob sie auch auf alle höheren Beträge in der Zukunft zu warten gewillt sei. Wenn die Person diese Frage bejahte, was immer der Fall war, mussten die restlichen Entscheidungen nicht mehr separat getroffen werden. Geduldigere Personen wählen zu einem früheren Zeitpunkt bereits den Betrag in einem Jahr, während ungeduldigere Personen länger die 100 Euro sofort wählen und erst bei relativ höheren Beträgen in der Zukunft zu warten bereit sind. Die Bezahlung wurde immer mit einem Scheck vorgenommen. Wenn der sofortige Betrag gewählt wurde, war der Scheck auf den Tag der Befragung datiert und somit sofort einlösbar, ansonsten war das Datum des Schecks ein Jahr vordatiert und der Scheck konnte erst dann eingelöst werden.

Wie für Kinder und Jugendliche besteht auch bei Erwachsenen ein Zusammenhang zwischen den Ergebnissen in den Intelligenztests und den Entscheidungen bei der Messung von Geduld. Personen mit besseren Ergebnissen in den Intelligenztests sind geduldiger und warten häufiger auf den Betrag in einem Jahr. Teilt man die Studienteilnehmer entsprechend ihrem Abschneiden in den Intelligenztests in fünf Gruppen ein, dann lassen sich die Unterschiede ungefähr folgendermaßen veranschaulichen: Das schwächste Fünftel – die Personen mit den schlechtesten Testwerten bei der Intelligenz – wählt lieber die 100 Euro sofort, solange der Betrag in einem Jahr nicht mindestens 135 Euro beträgt. Das stärkste Fünftel – die Teilnehmer mit den höchsten Intelligenzwerten – wählt bereits ab einem Betrag von 125 Euro lieber diesen Betrag in einem Jahr, als 100 Euro sofort zu nehmen. Die Daten von Dohmen und Kollegen zeigen auch ein anderes bereits vertrautes Muster: Geduldigere Studienteilnehmer haben ein höheres Einkommen. Ob jemand beispielsweise angibt, im Moment gerade finanziell knapp bei Kasse zu sein, spielt aber für die Entscheidungen zur Messung der Geduld keine Rolle.

Insgesamt legen die Ergebnisse von Dohmen und Kollegen wiederum den Schluss nahe, dass Intelligenz und Geduld miteinander verbunden sind. Jedoch betonen auch diese Autoren, dass beide Dimensionen nicht dasselbe messen, sodass es wichtig ist, beide Dimensionen zu erheben, weil beide – zumindest zu einem guten Teil – unabhängig voneinander auf die Entscheidungen eines Menschen Einfluss nehmen. Etwas vereinfacht ausgedrückt könnte man sagen, dass ein Mensch mit geringerer Intelligenz, aber großer Geduld und Ausdauer, es unter Umständen gleich weit bringen kann wie ein Mensch mit höherer Intelligenz, aber geringer Geduld und Ausdauer. Im Idealfall ist jemand intelligent *und* geduldig beziehungsweise ausdauernd. Nicht jeder Mensch erfüllt diese Idealbedingungen, weshalb es beruhigend ist zu wissen, dass man das eine durch das andere zumindest irgendwie wettmachen kann. An dieser Stelle steht absichtlich das vage Wort „irgendwie", weil im Folgenden erst geklärt werden soll, was denn nun bedeutsamer ist: Geduld oder Intelligenz.

Was ist wichtiger: Geduld oder Intelligenz?

Die Dunedin-Langzeitstudie mit den über tausend Personen, die 1972 und 1973 in dieser neuseeländischen Stadt geboren wurden, erlaubt eine Antwort auf diese Frage. Vorweg muss kurz geschildert werden, wie in dieser Studie die Intelligenz der Studienteilnehmer gemessen wurde. Im Alter von sieben, neun und elf Jahren wurden die Kinder mit dem Wechsler-Intelligenztest für Kinder getestet. Dieser Test ist im deutschsprachigen Raum als Hamburg-Wechsler-Intelligenztest bekannt. Er misst verschiedene Dimensionen von Intelligenz, nämlich Sprachverständnis, logisches Denken, das Arbeitsgedächtnis und die Verarbeitungsgeschwindigkeit kognitiver Prozesse.

Das Sprachverständnis wird beispielsweise gemessen, indem Kinder bestimmte Wörter definieren, Wortpaare mit ähnlichen oder gegensätzlichen Eigenschaften finden oder aufgrund von Hinweisen ein bestimmtes Wort erraten müssen. Beim Test des Arbeitsgedächtnisses müssen Kinder Ziffernfolgen nachsagen, die jedes Mal um eine Ziffer länger werden. Zum Beispiel kann man mit der Ziffernfolge 1 und 3 beginnen, dann hängt man 5 daran, danach 8, später 7, dann 2, und so weiter. Bis hierhin wäre die Abfolge also 1, 3, 5, 8, 7, 2. Wenn ein Kind die Abfolge bis dahin korrekt wiedergibt, hängt man die nächste Ziffer dran, etwa 4. Das Prozedere wird fortgesetzt, bis das Kind einen Fehler macht. Die Verarbeitungsgeschwindigkeit wird geprüft, indem Symbole bestimmten Zahlen zugeordnet werden und die Kinder dann innerhalb einer vorgegebenen Zeit möglichst viele Zuordnungen korrekt vornehmen müssen. Logisches Denken wird getestet, indem Kinder beispielsweise eine Abfolge von fünf Bildern sehen und dann aus mehreren neuen Bildern jenes auswählen müssen, das die Reihe der fünf ursprünglichen Bilder als sechstes Bild ergänzt.

Wie in den bisher vorgestellten Studien lässt sich für die Teilnehmer der Dunedin-Langzeitstudie ein positiver Zusammenhang zwischen dem Grad der Intelligenz und dem Ausmaß an Geduld feststellen. Kinder mit höherer Intelligenz können besser warten und haben in der Einschätzung ihrer Eltern und Lehrer ein höheres Ausmaß an Impuls- und Selbstkontrolle.

Um festzustellen, welchen Einfluss Geduld und welchen Einfluss Intelligenz auf das Verhalten eines Menschen hat, inkludiert man beide Dimensionen in der statistischen Auswertung der Daten und überprüft, wie stark die jeweilige Dimension ein bestimmtes Verhalten beeinflusst. Wenn man beispielsweise die Güte des Gesundheitszustands eines erwachsenen Teilnehmers an der Dunedin-Langzeitstudie erklären will, dann testet man gleichzeitig den Einfluss mehrerer relevanter Faktoren, wie beispielsweise das Geschlecht, das Einkommen, den Familienstand, die Anzahl der Kinder, das Vermögen der Eltern, oder eben die Intelligenz und das Ausmaß an Geduld. Für die letzten beiden Faktoren werden in der statistischen Auswertung die Werte im Kindesalter herangezogen, weil ja getestet werden soll, welchen Einfluss beide Faktoren – Intelligenz und Geduld – für das spätere Leben haben. Die Größenordnung des Einflusses der einzelnen Faktoren erlaubt dann einen Rückschluss darauf, welcher Faktor im Vergleich zu einem anderen Faktor – relativ gesehen – einen stärkeren Einfluss hat.

Einen solchen Ansatz verfolgten auch Terri Moffitt und ihre Kollegen bei der Auswertung der Dunedin-Langzeitstudie, worüber bereits in Kapitel 6 ausführlich berichtet wurde. Dabei zeigte sich, dass sowohl die Geduld als auch die Intelligenz im Kindesalter unabhängig voneinander für die Lebensumstände als Erwachsener von großer Bedeutung sind. Für das Einkommen und den sozioökonomischen Status scheint der Einfluss der Intelligenz leicht größer zu sein als jener der Geduld. Für den Gesundheitszustand scheinen beiden Faktoren im Großen und Ganzen dieselbe Bedeutung zu haben. Geduld wiederum scheint von größerer Bedeutung als die Intelligenz zu sein im Hinblick auf die Frage, ob jemand im Erwachsenenalter Alleinerzieher ist, ob er immer wieder in finanzielle Schwierigkeiten gerät oder ob er eine Straftat begeht. Es ist wichtig zu betonen, dass sowohl Intelligenz als auch Geduld für alle diese Umstände bedeutsam sind. Die relative Bedeutung der Intelligenz und der Geduld variiert jedoch leicht im Hinblick auf verschiedene Bereiche des Lebens. Für einige Bereiche ist die Geduld beziehungsweise Ausdauer relativ bedeutsamer, für andere die Intelligenz.

Interessanterweise bedeuten diese Ergebnisse auch, dass Geduld ein „Ersatz" für Intelligenz sein kann, ebenso wie Intelligenz fehlende Geduld „wettmachen" kann. Vereinfachend lässt sich das so ausdrücken: Jemand ohne Intelligenz, aber mit viel Geduld, bringt es ungefähr so weit wie jemand ohne Geduld, aber mit viel Intelligenz. Im besten Fall hat man natürlich beides! Dass auch der familiäre Hintergrund eine nicht unwichtige Rolle spielt, sei am Schluss dieses Abschnitts noch ergänzt. Die Ergebnisse der Dunedin-Langzeitstudie zeigen, dass ein hohes Bildungsniveau und eine gute berufliche Position der Eltern günstig für den Lebenserfolg der Studienteilnehmer sind, gemessen an deren Einkommen, ihrer eigenen Ausbildung und dem gesundheitlichem Zustand im Erwachsenenalter.

Neben der Geduld sind also die eigene Intelligenz und der familiäre Hintergrund im Hinblick auf die Bildung und berufliche Position der Eltern für den Lebenserfolg bedeutsam. Nun sind aber die Intelligenz und der familiäre Hintergrund nur sehr schwer veränderbar für ein Kind. Bei Geduld ist das möglicherweise anders. Das bedeutet, dass die Aussichten auf einen erfolgreichen Lebensweg unter Umständen durch „Training" der Geduld verbessert werden könnten. Genau an diesem Punkt setzen verschiedene Studien an, die der Frage nachgehen, ob man das Ausmaß an Geduld beeinflussen beziehungsweise trainieren kann. Wenn dem so wäre, dann wäre das ein möglicherweise vielversprechender Weg, um großen und positiven Einfluss auf das Leben von Menschen zu nehmen. Eine Antwort auf diese Frage präsentiere ich in Kapitel 11. Bevor wir aber zu diesem Kapitel kommen, beschäftigen wir uns in den folgenden beiden Kapiteln zuerst noch mit einem weiteren wichtigen Einflussfaktor auf die Geduld, nämlich der Sprache, und dann mit der Frage, was in unserem Gehirn vorgeht, wenn wir Entscheidungen für die Zukunft treffen.

KAPITEL 9

DER EINFLUSS DER SPRACHE AUF ZUKUNFTSORIENTIERTE ENTSCHEIDUNGEN

Grammatik, Sparen und Gesundheit – hängt das zusammen?

Eine im Jahr 2013 veröffentlichte Forschungsarbeit von Keith Chen von der Yale-Universität hat weltweit mediale Beachtung gefunden, weil Chen darin die These vertritt, dass die Grammatik der Sprache, die jemand spricht, einen Einfluss auf Entscheidungen hat, bei denen man gegenwärtige und zukünftige Nutzen gegeneinander abwägen muss. Das würde bedeuten, dass man mehr oder weniger Glück haben kann, je nachdem, in welchen Sprachraum jemand hineingeboren wird. Damit hätte die Sprache möglicherweise einen ähnlich starken Einfluss wie der familiäre Hintergrund. Auch darauf haben Kinder keinen Einfluss, doch es gibt ihn! Wie steht es also um diese Bedeutung der Sprache und aus welchen Überlegungen heraus könnte man einen Einfluss der Sprache auf zukunftsorientierte Entscheidungen überhaupt erwarten?

Die These von Chen hat den Umstand zur Grundlage, dass sich verschiedene Sprachen dadurch unterscheiden, ob man über die Zukunft in der Gegenwartsform sprechen kann (aber nicht muss) oder ob man dafür die Zeitform der Zukunft verwenden muss, wenn man grammatikalisch korrekt sprechen möchte. Obwohl das Deutsche natürlich die Zukunftsform hat, kann man über die Zukunft auch einfach in der Gegenwartsform sprechen. Der Satz „Morgen lese ich ein anderes Buch" bezieht sich eindeutig auf eine Handlung in der Zukunft, ist grammatikalisch aber in der Gegenwartsform ausgedrückt und trotzdem korrekt. Es gibt andere Sprachen, in denen eine grammatikalisch korrekte Verwendung die Zukunftsform braucht. Im Englischen etwa würde der

Satz „Tomorrow *I will read* another book" heißen. Alternativ könnte man „Tomorrow *I am going to read* another book" verwenden. Dagegen wäre es grammatikalisch nicht korrekt – wenn auch in der Umgangssprache nicht vollkommen ausgeschlossen –, „Tomorrow I *read* another book" zu formulieren. Linguisten unterscheiden demnach zwischen zwei Gruppen von Sprachen: In der einen Gruppe ist es möglich, in der Gegenwartsform über die Zukunft zu sprechen, also ohne Verwendung der Zukunftsform. Dazu gehören etwa Deutsch, Mandarin, Japanisch, Finnisch oder Schwedisch. Die Sprachen dieser Gruppe verfügen meist auch über eine Zukunftsform, aber sie ist grammatikalisch nicht notwendig beim Bezug auf die Zukunft. Deshalb nennt man diese Gruppe von Sprachen auch manchmal „zukunftslos". Damit ist nicht gemeint, dass sie die Zukunftsform nicht haben, sondern dass man sie *nicht unbedingt* verwenden *muss*. Im Folgenden wird der Begriff „zukunftslos" genau in dieser Bedeutung gebraucht. In der anderen Gruppe wird grammatikalisch die Zukunftsform verlangt, wenn man sich sprachlich korrekt auf zukünftige Ereignisse beziehen möchte. Zu dieser Gruppe von Sprachen gehört etwa Englisch, aber auch Griechisch, Französisch, Italienisch oder Albanisch.

Warum sollte es für Entscheidungen über die Zukunft einen Unterschied ausmachen, ob jemand eine „zukunftslose" Sprache spricht, also zur ersten Sprachgruppe gehört, oder ob jemand über die Zukunft nur mit der Zukunftsform sprechen kann, also zur zweiten Sprachgruppe gehört? Hier bringt Chen Einsichten aus der Linguistik mit jenen aus der wirtschaftswissenschaftlichen Forschung zusammen und argumentiert für seine These wie folgt: Beim Abwägen zwischen einer kleineren Belohnung jetzt gleich und einer größeren in der Zukunft hängt die Entscheidung wesentlich davon ab, wie weit entfernt die Zukunft ist, wie lange man also auf die größere Belohnung warten muss. Das ist intuitiv schnell nachvollziehbar. Bei der Wahl zwischen 100 Euro sofort oder 200 Euro morgen würden die meisten Menschen bis morgen warten, um die 200 Euro zu bekommen. Wenn die Alternativen aber 100 Euro sofort oder 200 Euro in zehn Jahren sind, würden die meisten

Menschen die 100 Euro sofort wählen. Chen argumentiert nun, dass in „zukunftslosen" Sprachen die Zukunft näher erscheint als in Sprachen, die die Zukunftsform verlangen, wenn man sich auf die Zukunft bezieht. Wenn man – wie im Deutschen – sagen kann, dass man die 200 Euro morgen *bekommt*, dann mag das als zeitlich näher wahrgenommen werden, als wenn man – wie im Englischen – formulieren müsste, dass man die 200 Euro morgen *bekommen wird* (will receive). Wenn aber die Zukunft als weniger weit entfernt wahrgenommen wird, dann wird das Warten auf die Zukunft leichter. Dann ist es eher attraktiv zu sparen, in eine längere und bessere Ausbildung zu investieren, sich gesünder zu ernähren und mehr Sport zu treiben.

Neben dieser Argumentationslinie unterstützt Chen seine These mit einer weiteren Überlegung. Wenn man über die Zukunft nur in der Zukunftsform sprechen kann, dann trennt das gedanklich die Gegenwart stärker von der Zukunft, als wenn man sich „zukunftslos" auf die Zukunft beziehen kann. Diese stärkere Trennung in Sprachen mit verpflichtender Zukunftsform führt dazu, dass die Zukunft als unsicherer wahrgenommen wird. Wenn Ereignisse in der Zukunft aber ungewiss sind und nicht sicher eintreten, dann wird zukunftsorientiertes Handeln weniger attraktiv. Warum sollte man für die Pension sparen, wenn es ohnehin unsicher ist, ob man sie erlebt? Warum sollte man sich den Freuden guten – und zu üppigen – Essens heute nicht hingeben, wenn die negativen Langzeitfolgen von Übergewicht (wie Bluthochdruck oder ein erhöhtes Herzinfarktrisiko) vielleicht gar nicht eintreten? Wenn also das Sprechen in der Zukunftsform über künftige Ereignisse diese Ereignisse weniger wahrscheinlich macht, dann verliert beim Abwägen zwischen der Gegenwart und der Zukunft die Zukunft an Wert und Attraktivität, und deswegen werden weniger zukunftsorientierte Handlungen gewählt. Gemäß der Hypothese von Chen ist also zu erwarten, dass Menschen, die eine „zukunftslose" Sprache wie Deutsch sprechen, mehr sparen, mit höherem Vermögen in Pension gehen und gesünder leben, indem sie weniger rauchen und weniger häufig fettleibig sind. Menschen mit einer Sprache, die für den Bezug zur Zukunft grammatikalisch die Zukunftsform verlangt, sparen gemäß dieser Hypothese weniger von ihrem verfügbaren Einkommen, gehen mit geringerem Vermögen in Pension und haben schlechtere Gesundheitswerte.

Als deutschsprachiger Mensch ist man vielleicht geneigt, dieser Hypothese sofort und gerne zuzustimmen, weil sie für einen selbst eine günstige Prognose abgibt. Demnach würden wir mehr sparen, hätten ein höheres Vermögen im Alter und wären auch noch gesünder. Wer würde das nicht gerne über sich sagen? Und doch, die Hypothese von Chen – so plausibel sie argumentiert ist – erweckt auch häufig Widerspruch. Linguisten haben sich vor allem an der Klassifizierung von Chen gerieben, mit der er die Sprachen einteilte in die Gruppe der „zukunftslosen" Sprachen, die sich mit der Gegenwartsform auf die Zukunft beziehen können, und die Gruppe von Sprachen, die in ihrer Grammatik beim Bezug auf die Zukunft die Zukunftsform verlangen. Da die Einteilung der Sprachen aber zum allergrößten Teil gar nicht von Chen selbst stammt, sondern von Linguisten, und Chen deren Einteilung lediglich übernommen hat, ist diese Kritik weder zielführend noch überzeugend. Eine andere und plausiblere Kritik besteht darin, dass es eigentlich nicht die Sprache sei, die einen Einfluss auf das Verhalten von Menschen habe, sondern jede Sprache mit einer anderen Kultur einhergehe und deshalb die eigentliche Wurzel für mögliche Unterschiede zwischen Sprachen die damit einhergehenden kulturellen Unterschiede wären. Kritiker aus dieser Richtung räumen jedoch ein, dass die Sprache natürlich ein sehr wesentlicher Bestandteil der Kultur eines Landes oder einer Region ist. Die Sprache kann also nicht ohne Weiteres von der Kultur getrennt werden. Um den Einfluss der Sprache zu ermitteln, kann man allerdings versuchen, mögliche kulturelle Unterschiede bei der Analyse von Daten zur Überprüfung der Hypothese zu berücksichtigen. Die Kritik an Chens Hypothese läuft damit aber letztlich auf die spannende Frage hinaus, ob die Hypothese mit empirischen Daten belegbar ist oder nicht. Hier hat Chen Erstaunliches herausgefunden.

Basierend auf Daten aus 76 verschiedenen Ländern fand Chen heraus, dass jene Menschen deutlich häufiger Geld sparen, die in ihrer Sprache über die Zukunft auch in der Gegenwartsform sprechen können. Die Daten stammen aus einer fast weltweit durchgeführten Befragungsstudie, dem *World Values Survey*, bei dem in den einzelnen Ländern eine repräsentative Stichprobe der Bevölkerung zu verschiedensten Themen befragt wird. Eine der Fragen lautet, ob jemand im vergangenen Jahr netto etwas gespart hat oder nicht, ob also die gesamten Einnahmen höher als die gesamten Ausgaben waren. Diese Frage konnte mit „Ja" oder „Nein" beantwortet werden. Die Wahrscheinlichkeit für ein „Ja" war um circa 30 Prozent höher, wenn jemand eine „zukunftslose" Sprache wie Deutsch sprach. Dieses Ergebnis berücksichtigt bereits andere wichtige Einflussfaktoren auf die Antwort. Auf der individuellen Ebene sind folgende Faktoren berücksichtigt: das Alter und das Geschlecht der betreffenden Person, das persönliche Einkommen beziehungsweise ob jemand arbeitslos ist, die Größe des Haushalts und die Anzahl der Kinder. Gleichzeitig werden bei der statistischen Auswertung auch die Arbeitslosenrate, die Zinssätze für Ersparnisse, das allgemeine Preis- und Einkommensniveau und die Wachstumsrate der Wirtschaftsleistung in einem Land bedacht. Der Effekt der Sprache bleibt trotz all dieser berücksichtigten Faktoren sehr stark. Bemerkenswert ist, dass in quantitativer Hinsicht die Sprache einen gleich starken Einfluss auf die Antwort wie Arbeitslosigkeit hat. Arbeitslose Personen geben mit 30 Prozent geringerer Wahrscheinlichkeit als Personen mit einer Arbeitsstelle an, dass sie im letzten Jahr etwas gespart haben. Das ist von der Größenordnung her genau der Unterschied zwischen Personen, die eine Sprache wie Deutsch sprechen, und jenen, die eine Sprache sprechen, bei der die Grammatik beim Sprechen über die Zukunft die Verwendung der Zukunftsform verlangt.

Bei seiner Analyse konnte Chen auch eine Frage aus dem World Values Survey heranziehen, die mögliche kulturelle Unterschiede einfangen kann. Die befragten Personen mussten darauf antworten, ob aus ihrer Sicht Sparsamkeit und das Sparen von Geld wichtige Tugenden sind, die man Kindern vermitteln sollte. Die Daten zeigen, dass Menschen, die diese Frage mit „Ja“ beantworten, mit etwa zehn Prozent höherer Wahrscheinlichkeit selbst Geld sparen. Allerdings ist der Effekt dieser Werthaltung deutlich kleiner als der Einfluss der Sprache (mit 30 Prozent). Kulturelle Werthaltungen über die Wichtigkeit des Sparens sind also weniger bedeutsam wie der Effekt der Sprache an sich.

Die höhere Wahrscheinlichkeit, Erspartes auf die Seite legen zu können, führt bei Personen, die eine Sprache wie Deutsch sprechen, fast notwendigerweise zu einem höheren Vermögen, wenn sie in Pension gehen. Genau das konnte Chen mit sehr detaillierten Daten aus 13 europäischen Staaten nachweisen, indem er die Vermögensdaten beim Pensionsantritt mit der Sprache einer betreffenden Person in Verbindung brachte. Personen, in deren Sprache man „zukunftslos“ über die Zukunft sprechen kann, haben beim Pensionsantritt ungefähr um 40 Prozent mehr Vermögen als Personen, die in ihrer Sprache die Zukunftsform verwenden müssen, um sich auf die Zukunft zu beziehen. Auch dieses Ergebnis ist vollkommen konsistent mit der Hypothese von Chen.

Für die 13 europäischen Staaten konnte Chen auch Gesundheitsdaten auf individueller Ebene analysieren. Dabei zeigte sich dasselbe Muster wie bei den Vermögensdaten zu Beginn der Pension. Personen, die eine Sprache wie Deutsch oder Finnisch sprechen, leben gesünder als Personen, die beispielsweise Englisch oder eine andere Sprache sprechen, die die Zukunftsform verlangt. Die Unterschiede sind teilweise bemerkenswert groß. Die Wahrscheinlichkeit, jemals geraucht zu haben oder immer noch zu rauchen, ist in der Gruppe von Personen mit verpflichtender Zukunftsform in ihrer Sprache um 24 Prozent höher als bei der Gruppe mit „zukunftsloser“ Referenz auf die Zukunft. Die erste Gruppe treibt um 29 Prozent weniger wahrscheinlich regelmäßig Sport und aktive Bewegung und sie ist um 13 Prozent wahrscheinlicher übergewichtig (gemessen am Body Mass Index). Auch die Lungenleistung und die Griffkraft sind bei dieser Gruppe von Menschen geringer. Alle diese Indikatoren tragen in Summe zu einem durchschnittlich schlechteren Gesundheitszustand für diese Gruppe von Menschen bei.

Chen versuchte in seinen Analysen auch dem Kritikpunkt Rechnung zu tragen, dass Menschen aus verschiedenen Staaten, in denen man unterschiedliche Sprachen spricht, häufig ganz anderen Einflüssen ausgesetzt sind und deshalb die Sprache möglicherweise gar nicht den entscheidenden Unterschied ausmacht. Dazu nahm er Staaten, Regionen oder Städte unter die Lupe, in denen Menschen mit verschiedenen Sprachen leben. Die Schweiz stellt ein gutes Beispiel dar, weil die deutsche Sprache in der Ostschweiz keine Zukunftsform verlangt, während Französisch und Italienisch in der westlichen und südlichen Schweiz die Zukunftsform grammatikalisch verlangen, wenn man über eine Handlung oder ein Ereignis in der Zukunft spricht. Die Ergebnisse von Chen zeigen, dass die deutschsprachigen Schweizer mit deutlich höherer Wahrscheinlichkeit (etwa 30 Prozent) angaben, im jeweils vergangenen Jahr etwas gespart zu haben, als das die Französisch oder Italienisch sprechenden Schweizer taten. Nun könnte man argumentieren, dass zwischen der Ostschweiz und dem Rest der Schweiz nicht nur sprachliche, sondern auch andere kulturelle und vor allem mentale Unterschiede bestehen. Als Reaktion auf eine solche mögliche Kritik untersuchte Chen Bewohner von Brüssel, die entweder Niederländisch oder Französisch sprechen. Sogar innerhalb derselben Stadt fand er Unterschiede im Vermögen beim Pensionsantritt zwischen den Sprachgruppen. Personen mit niederländischer Sprache (die hinsichtlich der Möglichkeit, über die Zukunft zu sprechen, mit dem Deutschen vergleichbar ist) hatten ein höheres Vermögen als die französischsprachige Bevölkerung von Brüssel. Selbst gegenüber diesem Ergebnis könnte man skeptisch sein, da die Unterschiede zwischen Flamen und Wallonen in Belgien beträchtlich sind, nicht nur bezüglich der Sprache, sondern etwa auch im Hinblick auf die ausgeübten Berufe. Dieser Kritik kann man begegnen, indem man das Sparverhalten von Kindern untersucht, die im selben Ort aufwachsen, aber eine andere Sprache sprechen. Eine solche Untersuchung habe ich gemeinsam mit Kollegen von der Universität Innsbruck in Meran in Südtirol durchgeführt, über die ich schon in Kapitel 2 berichtet habe. Im Folgenden geht es also um die Frage, ob die Sprache schon im Kindesalter einen Einfluss auf das Sparverhalten hat.

Italienisch- und deutschsprachige Kinder in Meran. Gibt es Unterschiede im Sparverhalten entlang der Sprachgrenze?

Meran ist die zweitgrößte Stadt in Südtirol. Diese autonome Provinz Italiens gehörte bis zum Ende des Ersten Weltkriegs zur österreich-ungarischen Monarchie. Im Vertrag von Saint-Germain aus dem Jahr 1919 wurde Südtirol dann ein Teil Italiens. Bereits vor diesem Vertrag gab es deutsch- und italienischsprachige Bevölkerungsgruppen in Südtirol. Mit der Zugehörigkeit zu Italien wuchs insbesondere in den Städten der Anteil italienischsprachiger Bürger. Heutzutage sprechen in Südtirol ungefähr 70 Prozent der Bevölkerung Deutsch und 30 Prozent Italienisch. Wie bereits in Kapitel 2 erwähnt, sind in Meran beide Sprachgruppen fast exakt gleich groß. Demzufolge besuchen auch ungefähr gleich viele deutsch- wie italienischsprachige Kinder die Meraner Grundschulen. Dieser Umstand ermöglicht es zu untersuchen, ob entlang der Sprachgrenze Unterschiede in der Geduld der Kinder zu finden sind. Genau das ist die Frage des aktuellen Kapitels. Deutsch gehört zu den Sprachen, in denen man sich in der Gegenwartsform auf die Zukunft beziehen kann. Italienisch wird dagegen zu den Sprachen gezählt, bei denen die Zukunftsform notwendig ist (auch wenn das im alltäglichen Gebrauch nicht ständig eingehalten wird). Der Unterschied in der Sprache könnte also zu Unterschieden in der Bereitschaft zu warten führen, ganz im Sinne der Hypothese von Chen. Die Meraner Schulen bieten außerdem deswegen ideale Voraussetzungen für eine Überprüfung der Hypothese von Chen, weil die Kinder praktisch Tür an Tür wohnen, aber in sprachlich getrennte Schulen gehen. Tatsächlich sind die Einzugsgebiete für die deutsch- und italienischsprachigen Grundschulen häufig dieselben.

Im Jahr 2012 trafen die Meraner Grundschulkinder drei Entscheidungen zur Messung ihrer Geduld. In jeder dieser Entscheidungen

Abbildung 5. Relative Häufigkeit (in Prozent), mit der die Grundschüler auf die größere Belohnung in der Zukunft warten – unterteilt in deutschsprachige und italienischsprachige Kinder der Schulstufen 1 bis 5

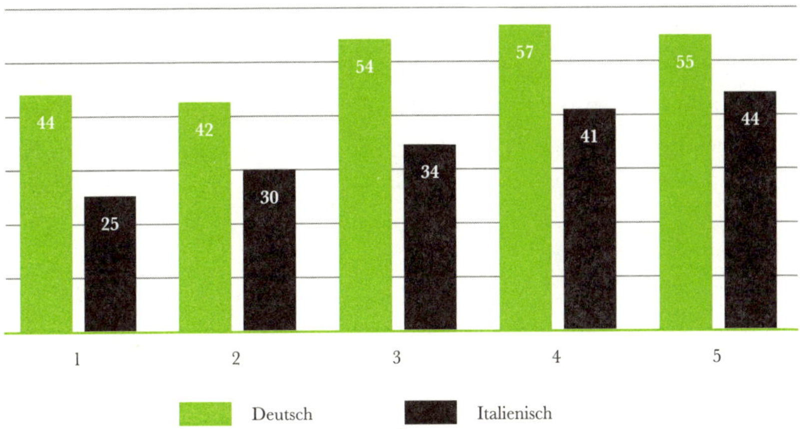

Datenquelle: Sutter, Angerer, Glätzle-Rützler und Lergetporer (2013)

mussten sie wählen zwischen zwei Geschenken sofort und einer größeren Zahl an Geschenken in vier Wochen. In Abbildung 5 ist zu sehen, in wie vielen Prozent der Entscheidungen deutsch- und italienischsprachige Kinder auf die größere Anzahl an Geschenken warteten. Für die Auswertung haben wir nur Kinder berücksichtigt, deren Eltern entweder nur Italienisch oder nur Deutsch sprechen. Kinder aus Familien, in denen ein Elternteil Deutsch und der andere Italienisch spricht, wurden ausgeschlossen, weil Kinder aus zweisprachigen Familien normalerweise mit beiden Sprachen aufwachsen und deshalb der reine Effekt der Sprache weniger leicht identifizierbar ist. In der ersten Schulstufe der Sechs- bis Siebenjährigen warteten die deutschsprachigen Kinder in 44 Prozent aller Entscheidungen. Die italienischsprachigen Kinder warteten in 25 Prozent ihrer Entscheidungen. Auch in den Schulstufen zwei bis fünf war die relative Häufigkeit, mit der die deutschsprachigen Kinder auf mehr Geschenke in der Zukunft warteten, um mindestens zehn Prozentpunkte größer als für die italienischsprachigen Kinder. Das bedeutet, dass entlang der Sprachgrenze ein relativ starker Unterschied vorliegt. Die deutschsprachigen Kinder warteten deutlich häufiger als die italienischsprachigen Kinder, obwohl sie alle aus derselben Stadt kommen, nach demselben Lehrplan unterrichtet werden, ungefähr dieselben Noten haben und auch im Hinblick auf die Familienstruktur (etwa die Anzahl der Geschwister) sehr ähnlich sind.

In Abbildung 6 sind die Grundschulkinder entsprechend dem Muster ihrer drei Entscheidungen eingeteilt, wie es schon in Abbildung 2 in Ka-

Abbildung 6. Relative Häufigkeit (in Prozent) von verschiedenen Entscheidungskombinationen – unterteilt in deutschsprachige und italienischsprachige Kinder der Schulstufen 1 bis 5

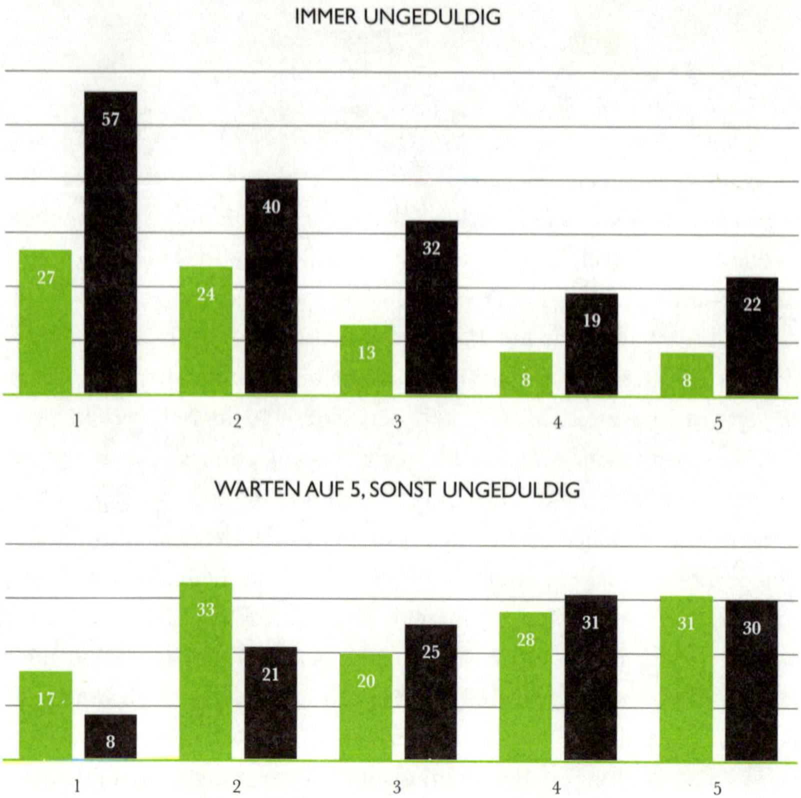

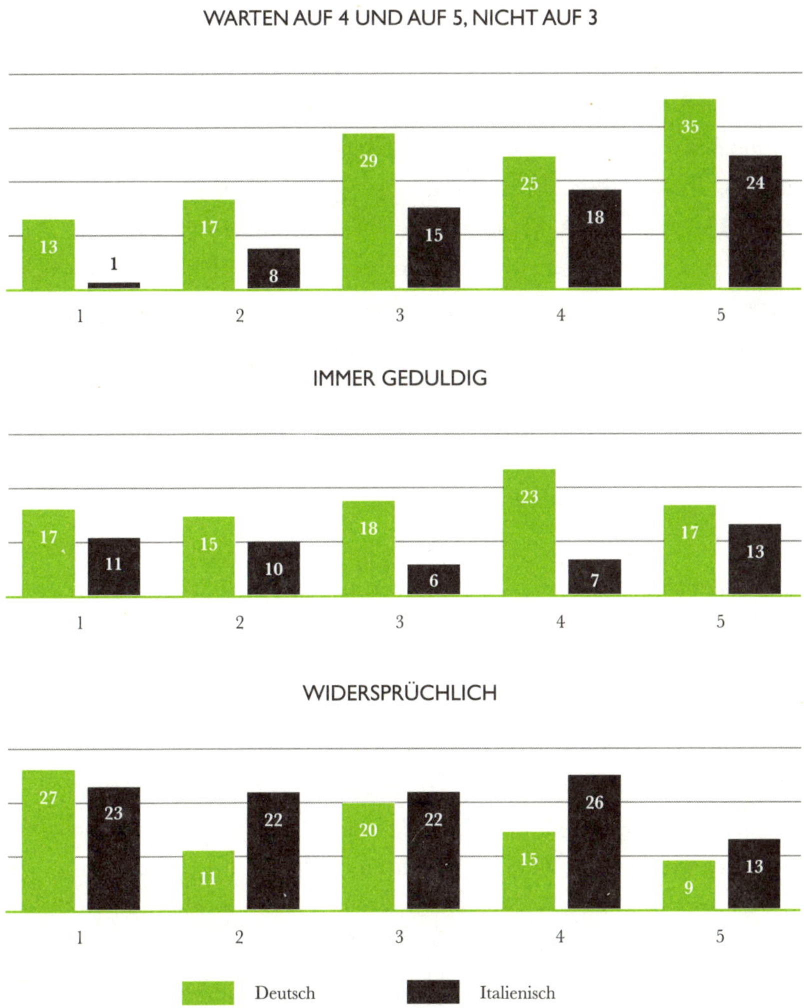

Datenquelle: Sutter, Angerer, Glätzle-Rützler und Lergetporer (2013)

pitel 2 verwendet wurde. Unter der Überschrift „Immer ungeduldig" ist der Anteil an Kindern in jeder Schulstufe abgebildet, die in allen drei Entscheidungen die zwei Geschenke sofort wählen und niemals zuwarten. In der ersten Schulstufe beträgt dieser Anteil bei den deutschsprachigen Kindern 27 Prozent, bei den italienischsprachigen Kindern 57 Prozent. Obwohl der relative Anteil in den Schulstufen zwei bis fünf tendenziell abnimmt, bleibt er bei den italienischsprachigen Kindern immer höher als bei den deutschsprachigen. Das umgekehrte Bild zeigt sich unter der Überschrift „Immer geduldig". Hier ist der Balken für die deutschsprachigen Kinder in jeder Schulstufe höher als für die italienischsprachigen. Derselbe Unterschied zwischen den Sprachgruppen zeigt sich auch bei den ziemlich geduldigen Kindern, die auf vier und auf fünf Geschenke warten, nicht aber auf drei. Auch hier ist der Anteil der deutschsprachigen Kinder höher. Insgesamt belegen diese Daten einen relativ großen Unterschied zwischen deutsch- und italienischsprachigen Kindern in ihrer Bereitschaft und Fähigkeit, auf eine größere Belohnung vier Wochen lang zu warten.

Die Unterschiede zwischen den Sprachgruppen könnten möglicherweise durch eine unterschiedliche Werthaltung der jeweiligen Eltern im Hinblick auf das Warten beziehungsweise Sparen bedingt sein. Um dieser Möglichkeit nachzugehen, führten wir im September 2013 eine Befragung unter 177 Meraner Einwohnern durch. 87 Personen sprachen Deutsch, 90 Italienisch. Das Durchschnittsalter betrug 41 Jahre, was bedeutet, dass die befragten Personen ungefähr im Alter der Eltern von Grundschulkindern waren. Eine der Fragen bezog sich auf verschiedene Werte, die man Kindern vermitteln sollte. Bei der Bedeutung, die dem Wert „Sparsamkeit" zugeordnet wurde, gab es aber keine Unterschiede zwischen den deutschsprachigen und den italienischsprachigen Befragten. Auf die Frage, ob eine befragte Person für sich selbst „Geduld" oder „Sparsamkeit" als wichtig erachtete, gab es ebenfalls keine Unterschiede zwischen den Sprachgruppen. Diese Ergebnisse sprechen dagegen, dass unterschiedliche Werthaltungen einen messbaren Einfluss auf die Entscheidungen der Grundschulkinder in unserer Studie hatten. Selbstverständlich stellt die Sprache nur einen – wenn auch sehr wichtigen – Aspekt von Kultur dar, was bedeutet, dass die Unterschiede zwischen den deutsch- und italienischsprachigen Kindern in unserer Studie nicht ausschließlich durch deren Sprache hervorgerufen sein müssen. Dennoch sind unsere Daten mit der Hypothese von Chen kompatibel und suggerieren, dass die Sprache bereits in der Kindheit einen Einfluss auf die Geduld haben kann.

KAPITEL 10

ZUR NEUROÖKONOMIE VON ENTSCHEIDUNGEN ZWISCHEN DER GEGENWART UND DER ZUKUNFT – EIN KURZER EINBLICK

In den letzten zehn bis 15 Jahren hat sich an der Schnittstelle von Neurowissenschaften, Psychologie und Wirtschaftswissenschaften ein neues Forschungsfeld entwickelt, das häufig als Neuroökonomie bezeichnet wird. Dieses stark interdisziplinäre Feld erforscht die physiologischen Grundlagen von wirtschaftlichen Entscheidungen. Das Thema dieses Buches – das Abwägen zwischen der Gegenwart und der Zukunft – zählt zu den wichtigen Forschungsthemen der Neuroökonomie. Aus den Ergebnissen erhofft man sich ein besseres Verständnis dafür, warum manche Menschen eher ungeduldig und andere eher geduldig sind.

Neuroökonomische Forschung basiert häufig auf bildgebenden Verfahren, vor allem auf der funktionellen Magnetresonanztomografie. Das bedeutet etwa, dass Versuchsteilnehmer in einen Kernspintomografen gelegt werden, um hochauflösende Bilder über die Aktivität im Gehirn zu erhalten. Vereinfacht ausgedrückt erlaubt diese Methode eine Antwort auf die Frage, welche Gehirnbereiche besonders involviert sind, wenn bestimmte Entscheidungen getroffen werden, beispielsweise wenn jemand eine Wahl zwischen 10 Euro sofort und 11 Euro in drei Wochen treffen muss.

Das menschliche Gehirn ist allerdings ein sehr komplexes System, weshalb der Einfluss verschiedener Gehirnareale auf solche Entscheidungen mitunter noch nicht abschließend geklärt ist. Im Hinblick auf intertemporale Entscheidungen – wenn es also um die Wahl zwischen einer kleineren Belohnung zu einem früheren Zeitpunkt und einer größeren zu einem späteren Zeitpunkt geht – gibt es derzeit drei wesentliche Erklärungsansätze für die Funktionsweise des menschlichen Gehirns. Der erste nimmt an, dass zwei voneinander verschiedene Gehirnbereiche beim Abwägen der Optionen eine Rolle spielen: Teile des präfrontalen Kortex, der sich an der Stirnseite des Gehirns befindet, und des limbischen Systems, das stammesgeschichtlich zu den älteren Teilen des Gehirns zählt. Der zweite Ansatz nimmt an, dass nur ein einziges System, im Wesentlichen ein Teil des präfrontalen Kortex, für intertemporale Entscheidungen zuständig ist. Es gibt Überschneidungen in den Bereichen, die bei diesen beiden Erklärungsansätzen als relevant erachtet werden. Die Vielzahl an Studien über die aktiven Gehirnareale bei intertemporalen Entscheidungen hat aber noch keine endgültige Klarheit erbracht, welcher der beiden Ansätze besser zur Erklärung der Daten dient. Ein dritter Ansatz geht davon aus, dass zwar in bestimmten Bereichen des Gehirns die subjektive Wertschätzung für die verschiedenen Optionen – wie 10 Euro sofort oder 11 Euro in drei Wochen – ermittelt wird, dass aber ein anderer Bereich die Entscheidung zwischen den Optionen beeinflussen kann. Dieser Bereich ist ebenfalls im präfrontalen Kortex angesiedelt (genannt der dorsolaterale präfrontale Kortex) und kann Selbstkontrolle ausüben, indem etwa die spätere Option gewählt wird, obwohl die frühere Option vermeintlich als attraktiver erscheint.

Selbstkontrolle und die Auswahl von Lebensmitteln

Eine Studie von Todd Hare und Kollegen aus Kalifornien kann dem zuletzt genannten Ansatz zugerechnet werden. Die Autoren luden 37 Personen ein, die in einem Kernspintomografen liegend 50 verschiedene Lebensmittel im Hinblick auf ihren Geschmack und ihren Wert für die Gesundheit beurteilen sollten. Nachdem die Personen das getan hatten, mussten sie eine Wahl zwischen jeweils zwei dieser Lebensmittel treffen und dabei auch die Intensität ihrer Entscheidung angeben, das heißt, ob sie das eine stark oder schwach gegenüber dem anderen bevorzugten oder ob sie zwischen beiden Lebensmitteln unentschieden waren. Anhand der tatsächlichen Entscheidungen konnte festgestellt werden, ob jemand in seiner Wahl nur den Geschmack oder auch den Beitrag eines Lebensmittels zur Gesundheit berücksichtigte. Die Autoren konnten folglich die 37 Personen in zwei Untergruppen einteilen. Die erste Untergruppe mit 18 Personen entschied praktisch immer danach, welches der zwei Lebensmittel den besseren Geschmack hatte, unabhängig von der subjektiven Einschätzung des Gesundheitswerts der Lebensmittel. Die zweite Untergruppe mit 19 Personen traf die Entscheidungen meist danach, welches Lebensmittel als gesünder eingestuft wurde.

Todd Hare und Kollegen fanden heraus, dass bei beiden Untergruppen der ventromediale präfrontale Kortex (hinter Nase und Stirn) während der Beurteilung der Lebensmittel nach Geschmack und Gesundheitswert besonders aktiv war. In diesem Teil des Kortex wird offenbar einer Handlungsoption ein subjektiver Wert zugewiesen, was verstanden werden kann als Maß für die Attraktivität einer Option. Bemerkenswert ist, dass beide Untergruppen im Bereich des ventromedialen präfrontalen Kortex ungefähr dieselbe Aktivität hatten, unabhängig von der tatsächlich getroffenen Entscheidung. Ein Unterschied zwischen beiden Untergruppen zeigte sich allerdings im Bereich des dorsolateralen präfrontalen Kortex. Dieser Bereich wird in der Forschung häufig als verantwortlich für kognitive Kontrolle bezeichnet. Jene Personen, die bei der Wahl zwischen zwei Lebensmitteln häufiger jenes wählten, das sie für gesundheitlich besser, wenn auch geschmacklich schlechter erachteten, hatten eine starke Aktivierung im dorsolateralen präfrontalen Kortex, was offensichtlich die Selbstkontrolle erleichterte. Selbstkontrolle bedeutet in diesem Beispiel, zugunsten der Gesundheit auf einen besseren Geschmack zu verzichten, was langfristig zu einem besseren Gesundheitszustand beiträgt.

Die Studie von Hare und Kollegen kann nicht beantworten, ob Aktivität im dorsolateralen präfrontalen Kortex tatsächlich erhöhte Selbstkontrolle bewirkt, weil beides – erhöhte Aktivität in diesem Gehirnareal und gesundheitsbewusstere Entscheidungen – unter Umständen von einem anderen Faktor beeinflusst sein könnte. Um zu zeigen, dass Aktivität im dorsolateralen präfrontalen Kortex Selbstkontrolle und damit zukunftsorientiertes Handeln kausal bedingt, müsste man die Aktivität in diesem Gehirnareal hemmen können, um dann ein geringeres Maß an Selbstkontrolle zu sehen. So überraschend es klingen mag – man kann das tatsächlich machen! Dazu wird eine Technologie angewandt, die transkranielle Magnetstimulation heißt. Eine solche Stimulation verwendet Magnetfelder, um bestimmte Bereiche des Gehirns für einige Minuten zu stimulieren oder zu hemmen. Damit ist sie ein wichtiges Werkzeug für die neurowissenschaftliche Forschung, weil sie es ermöglicht, die Wirkung eines bestimmten Gehirnbereichs gezielt zu untersuchen.

Bernd Figner von der Columbia-Universität in New York untersuchte gemeinsam mit Kollegen, was passiert, wenn man den dorsolateralen präfrontalen Kortex für einige Minuten durch transkranielle Magnetstimulation hemmt und Versuchsteilnehmer in dieser Zeit intertemporale Entscheidungen treffen müssen. Die Hypothese lautete, dass die Teilnehmer dann weniger geduldig entscheiden würden. 52 Teilnehmer mussten dazu 36 Entscheidungen zwischen einem kleineren Betrag zu einem früheren Zeitpunkt und einem größeren Betrag zu einem späteren Zeitpunkt treffen. Der größere Betrag war zwischen einem halben Prozent und 75 Prozent größer als der kleinere Betrag. Bei sehr kleinen Unterschieden (bis zu zehn Prozent) zwischen dem früheren und dem späteren Betrag wählten fast alle Teilnehmer den früheren Betrag, während bei sehr großen Unterschieden (ab 50 Prozent) fast alle Teilnehmer den späteren Betrag wählten. Bei diesen Beträgen spielte es auch keine Rolle, ob bei jemandem transkranielle Magnetstimulation zur Hemmung des dorsolateralen präfrontalen Kortex eingesetzt wurde oder nicht. Bei den mittleren Beträgen hatte eine Hemmung jedoch einen starken Effekt. Teilnehmer, deren dorsolateraler präfrontaler Kortex gehemmt wurde, wählten den früheren Betrag um ungefähr 20 Prozentpunkte häufiger als Teilnehmer, bei denen keine Hemmung vorgenommen wurde. Figner und Kollegen interpretieren ihre Ergebnisse als klaren Beleg dafür, dass das Ausmaß an Selbstkontrolle oder Geduld einer Person durch den dorsolateralen präfrontalen Kortex gesteuert wird.

Lassen sich zeitinkonsistente Entscheidungen durch ein Wechselspiel zweier Gehirnareale erklären?

In Kapitel 4 wurde der Begriff der Zeitinkonsistenz eingeführt. Darunter versteht man ein Entscheidungsmuster, bei dem jemand beispielsweise lieber 100 Euro sofort als 101 Euro morgen hat, aber 101 Euro in einem Jahr und einem Tag einem Betrag von 100 Euro in exakt einem Jahr vorzieht. Zeitinkonsistenz bezieht sich also auf den Umstand, dass jemand unterschiedliche Entscheidungen trifft, je nachdem, zu welchen Zeitpunkten identische Alternativen gegeneinander abgewogen werden müssen. Zeitinkonsistenz hat zur Folge, dass jemand langfristige Pläne macht, wenn er nur über Optionen in der Zukunft zu entscheiden hat, aber ungeduldig wird, wenn bei einer Entscheidung eine der Optionen sofort verfügbar ist. Deshalb beginnen Menschen beispielsweise gerne morgen zu sparen, aber nicht heute. Als Konsequenz haben Menschen mit zeitinkonsistenten Entscheidungen häufigere und höhere Kreditkartenschulden. Zeitinkonsistente Entscheidungen kommen dadurch zustande, dass das Heute eine besondere Bedeutung, einen besonderen Wert in den Entscheidungen eines Individuums hat. Der Unterschied zwischen Heute und Morgen ist demnach größer als der Unterschied zwischen Morgen und Übermorgen. Gibt es dafür eine Erklärung im menschlichen Gehirn?

Samuel McClure von der Princeton-Universität und Kollegen gingen dieser Frage nach. Sie legten 14 Versuchsteilnehmer in einen Kernspintomografen und maßen mittels funktioneller Magnetresonanztomografie die Gehirntätigkeit, während die Teilnehmer intertemporale Entscheidungen trafen. Es ging dabei um die Wahl zwischen einem kleineren Betrag zu einem früheren Zeitpunkt und einem größeren Betrag zu einem Zeitpunkt, der zwei bis vier Wochen nach dem früheren Zeitpunkt lag. Alle Beträge variierten zwischen fünf Dollar und 40 Dollar. In einigen Entscheidungen war der kleinere Betrag sofort verfügbar, in anderen erst in zwei oder vier Wochen. Bei allen Entscheidungen war erhöhte Aktivität im dorsolateralen präfrontalen Kortex (und benachbarten Arealen) feststellbar. Wenn jedoch bei einer Entscheidung der kleinere Betrag sofort verfügbar war, dann war auch der ventromediale präfrontale Kortex beziehungsweise das limbische System stärker aktiviert. Das zeigt, dass eine sofortige Verfügbarkeit einer bestimmten Auszahlung zusätzliche Gehirnareale anregt, über jene hinaus, die bei allen Entscheidungen involviert sind. Eine besondere Aktivierung im limbischen System erhöhte dann die Wahrscheinlichkeit, dass ein Versuchsteilnehmer zeitinkonsistente Entscheidungen traf. McClure und Kollegen schlossen daraus, dass zwei verschiedene Gehirnareale die subjektive Wertschätzung für sofortige beziehungsweise zukünftige Belohnungen steuern. Der dorsolaterale präfrontale Kortex ist vorrangig für das Abwägen aller Optionen zuständig, während aus dem limbischen System Impulse zur Ergreifung einer sofortigen Belohnung kommen. Das Wechselspiel zwischen beiden Systemen kann dann zu zeitinkonsistenten Entscheidungen führen.

Konstanze Albrecht vom Max-Planck-Institut für Kognitions- und Neurowissenschaften in Leipzig wollte gemeinsam mit Kollegen (zu denen bei diesem Projekt auch ich gehörte) wissen, ob man zeitinkonsistente Entscheidungen vermeiden könnte, indem jemand anderer für einen selbst die Entscheidungen träfe. Ausgangspunkt dieses Projekts war die Überlegung, dass man beim Entscheiden für eine andere Person keinen nennenswerten Einfluss des limbischen Systems erwarten sollte. Das auch deswegen, weil man beim Entscheiden für eine andere Person selbst nichts sofort gewinnen konnte und deshalb das limbische System nicht angesprochen sein sollte. Da aber die Arbeit von McClure und Kollegen gezeigt hatte, dass die Aktivierung des limbischen Systems zu zeitinkonsistentem Verhalten führte, nahmen Albrecht und Kollegen an, dass beim Entscheiden für eine andere Person das limbische System nicht besonders aktiviert würde und damit zeitinkonsistente Entscheidungen nicht auftreten sollten.

28 Versuchsteilnehmer trafen sowohl 40 Entscheidungen für sich selbst – jeweils zwischen einem früheren und kleineren Betrag und einem späteren, aber größeren Betrag – und 40 Entscheidungen für eine andere Person, die dem Versuchsteilnehmer nicht bekannt war. Die Daten aus der funktionellen Magnetresonanztomografie zeigten tatsächlich, dass das limbische System beim Entscheiden für eine andere Person weniger stark aktiviert war, als wenn man für sich selbst Entscheidungen traf. Das führte dazu, dass es bei den Entscheidungen für eine andere Person keinen Unterschied für die Gehirnaktivität ausmachte, ob bei den verfügbaren Optionen eine sofortige Auszahlung vorhanden war oder nicht. Die tatsächlichen Entscheidungen für eine andere Person waren demzufolge weniger stark (wenn auch immer noch etwas) zeitinkonsistent, als es die Entscheidungen für einen selbst waren. Besonders stark war dieser Unterschied bei jenen Teilnehmern, die für sich selbst sehr ungeduldig waren. Wenn diese Teilnehmer Entscheidungen für eine andere Person trafen, wählten sie deutlich häufiger die spätere, aber größere Auszahlung. Das zeigt, dass es leichter ist, geduldig zu sein, wenn die Konsequenz einer Entscheidung jemand anderen betrifft, als wenn man selbst davon betroffen ist. Wie aber kann man für sich selbst Entscheidungen fällen, die stärker zukunftsorientiert und damit geduldiger sind? Damit beschäftigt sich das nun folgende Kapitel.

WAS TUN GEGEN UNGEDULD? EINSICHTEN AUS DER VERHALTENSFORSCHUNG

Wie Odysseus den Verlockungen der Sirenen trotzte und warum ein Christmas-Club-Konto ähnlich funktioniert

In Homers „Odyssee", die die Irrfahrten des Königs Odysseus auf seinem Weg vom jahrelang umkämpften Troja in seine Heimat Ithaka schildert, findet sich ein berühmtes Beispiel dafür, wie der schlaue Grieche den Verlockungen der Sirenen trotzt. Es ist dies ein Akt von weitsichtiger Selbstkontrolle, die ihn in der Erzählung Homers sogar vor dem sicheren Tod bewahrt. Die Sirenen waren Fabelwesen, die auf einer Insel lebten und mit ihrem betörenden Gesang Seefahrer anlockten. Wer der Insel aber zu nahe kam, verlor sein Leben an den Klippen. Odysseus, gewarnt von der Zauberin Zirze, aber begierig, den überirdischen Gesang der Sirenen zu hören, ließ der Besatzung seines Schiffes Wachs in die Ohren träufeln, damit sie die Stimmen nicht hören konnten, und sich selbst an den Mastbaum binden, ohne Wachs in seinen Ohren. So konnte er den Sirenen lauschen, und als er, verzaubert vom Gesang, seiner Besatzung den Befehl geben wollte, zur Insel zu rudern, konnte diese ihn nicht hören, weshalb das Schiff gefahrlos an der Insel vorbeifuhr.

Odysseus hatte erkannt, dass er selbst der Verlockung nicht widerstehen können würde, die Insel der Sirenen anzusteuern, weshalb er sich die Möglichkeit nahm, seine Befehle an die Besatzung weiterzugeben. So sehr er der Mannschaft den Weg zur Insel befehlen und damit den Verlockungen der Sirenen nachgeben wollte, es war ihm nicht mehr möglich, da seine Schiffsbesatzung durch das Wachs in den Ohren taub war. Damit bewahrte er sich, aber auch seine Mannschaft, vor dem sicheren Tod.

Obwohl den täglichen Verlockungen nachzugeben üblicherweise nicht gleich zum Tod führt, haben die Verlockungen des Konsums, der Unterhaltungsindustrie oder üppigen Essens möglicherweise langfristig negative Effekte, etwa geringere Ersparnisse, schlechtere Vorbereitungen auf Prüfungen oder Übergewicht. Wie lassen sich diese Verlockungen zügeln, wie lassen sich Selbstkontrolle und Geduld einüben, um langfristige Ziele nicht zu gefährden?

In den USA gibt es sogenannte „Christmas-Club"-Konten. Das sind Bankkonten, auf die die Kontoinhaber während des Jahres – normalerweise von Januar bis Ende Oktober – einzahlen, um Geld für Weihnachtsgeschenke anzusparen. Diese Konten haben in der Regel vergleichsweise bessere Zinsen (im Vergleich zu täglich behebbarem Geld), weil der Kontoinhaber vor November nur sehr schwer auf das Geld zugreifen kann. So ein „Christmas-Club"-Konto funktioniert also ähnlich wie die Taktik von Odysseus. Der Kontoinhaber beschränkt die leichte und schnelle Verfügbarkeit seines Geldes – das entspricht dem Träufeln von Wachs in die Ohren der Besatzung –, um der Versuchung, das Geld sofort zu verbrauchen, zu widerstehen – das entspricht Odysseus' Wunsch, die Insel der Sirenen anzusteuern (mit dem sicheren Tod als Konsequenz). Stattdessen hilft das „Christmas-Club"-Konto dem Inhaber, für Weihnachten rechtzeitig genug Geld auf die Seite zu legen, um dann anderen oder auch sich selbst eine Freude bereiten zu können – so wie Odysseus den Gesang der Sirenen genießen konnte.

Es gibt auch andere Ansätze, Geduld und Selbstkontrolle zu fördern. In allen Fällen geht es darum, das menschliche Entscheidungsverhalten so zu beeinflussen, dass langfristige Ziele leichter erreicht werden können. Wir beginnen mit einfachen Interventionen, die die Entscheidungssituation verändern, um das Verhalten in eine gewünschte Richtung zu lenken.

Wie bringt man Arbeitnehmer dazu, mehr Geld für die Altersvorsorge zu sparen?

Die staatliche Finanzierung des Pensionssystems stößt in praktisch allen hoch entwickelten Ländern an ihre Grenzen. Dies ist im Wesentlichen eine Folge der zunehmenden Überalterung der Gesellschaft, wodurch immer weniger aktiv Beschäftigte Pensionsbeiträge für immer mehr Pensionisten zu erbringen haben. Als Konsequenz rückgängiger staatlicher Pensionsleistungen sind Arbeitnehmer heutzutage angehalten, weitere Quellen für ihre Altersvorsorge zu nutzen beziehungsweise zu erschließen. Häufig basiert die Altersvorsorge auf drei Säulen, einer staatlichen Pension, einer Betriebspension und einer privaten Altersvorsorge. Die private Altersvorsorge verlangt aber einen Verzicht auf unmittelbaren Konsum, womit sofort klar wird, dass diese Säule Geduld zur Erreichung des langfristigen Ziels – einer finanziell besser ausgestatteten Altersvorsorge – voraussetzt. Wie kann man Arbeitnehmer dazu bringen, mehr Geld in eine private Altersvorsorge zu investieren und damit auf diesen Teil des laufenden Einkommens bis zum Pensionsantritt, der häufig noch Jahrzehnte entfernt ist, zu verzichten? Zur Beantwortung dieser Frage können Forschungsarbeiten aus den USA beitragen.

In den USA können Arbeitnehmer einen Teil ihres laufenden Einkommens in eine private Altersvorsorge investieren (was dort als 401(k)-Plan bekannt ist, benannt nach dem Artikel im Steuergesetz, das die steuerliche Behandlung solcher Beiträge regelt). Die Beiträge werden direkt durch den Arbeitgeber vom Lohn abgezogen und dann in Finanzprodukte investiert, die der Arbeitnehmer selbst ausgesucht hat. Wenn jemand neu in eine Firma eintritt, muss er normalerweise der Personalabteilung Bescheid geben, ob er einen Teil seines Lohns für die private Altersvorsorge zur Seite legen will. Dafür genügt meist ein Telefonanruf. David Laibson von der Harvard-Universität konnte mit seinen Koautoren in mehreren Studien zeigen, dass zwischen 20 und 40 Prozent neu eingetretener Arbeitnehmer in den ersten zwei bis drei

Monaten zum Telefonhörer greifen und einen Teil ihres Lohns, meist um die drei bis vier Prozent, für die Altersvorsorge reservieren.

Interessanterweise erhöht sich der Anteil an Arbeitnehmern, die auf Teile des Lohns für die private Altersvorsorge verzichten, dramatisch, wenn Unternehmen die folgende Vorgehensweise wählen: Beim Eintritt eines neuen Mitarbeiters wird diesem von der Personalabteilung mitgeteilt, dass standardmäßig ein bestimmter Prozentsatz seines Lohns für die private Altersvorsorge verwendet wird. Wenn der Arbeitnehmer nicht damit einverstanden ist, muss er die Personalabteilung verständigen und diese überweist dann den vollen Lohn und investiert nichts in die Altersvorsorge. Wie im vorhin beschriebenen Fall muss ein Arbeitnehmer wieder nur zum Telefonhörer greifen, um eine vorgegebene Entscheidung zu ändern. John Beshears, David Laibson und weitere Autoren fanden beispielsweise für eine große Chemiefabrik in den USA heraus, dass nur ungefähr zehn Prozent der Arbeitnehmer bei der Personalabteilung anriefen, um *keinen* Beitrag zur privaten Altersvorsorge zu leisten. Die Art und Weise, mit der Arbeitnehmern die Möglichkeit privater Altersvorsorge angeboten wird, spielt also eine große Rolle. Wenn Arbeitnehmer die (minimalen) Kosten eines Telefonanrufs auf sich nehmen müssen, um einen freiwilligen Beitrag zu leisten, dann tun das verhältnismäßig wenige. Wenn man allerdings die Entscheidungssituation einfach umdreht und einen positiven Beitrag zur Altersvorsorge als Standard festlegt, dem man widersprechen kann, dann leisten die allermeisten Arbeitnehmer einen Beitrag für ihre private Altersvorsorge und verzichten damit auf laufendes Einkommen.

Am Beispiel der Chemiefabrik lässt sich noch ein weiterer Punkt illustrieren, wie höhere Beiträge für die Altersvorsorge gefördert werden können. Ein Teil der neu eingetretenen Mitarbeiter wurde informiert, dass drei Prozent ihres Lohns für die Altersvorsorge verwendet würden, während dieser Prozentsatz bei einem anderen Teil sechs Prozent betrug. In beiden Fällen konnten die Mitarbeiter durch einen Anruf bei der Personalabteilung sowohl den Prozentsatz ändern lassen als auch überhaupt keinen Beitrag leisten. Wenn die sechs Prozent der Standard waren, investierten vier von fünf neuen Mitarbeitern sechs Prozent oder sogar einen größeren Anteil ihres Lohns in die private Altersvorsorge. Wenn hingegen der Standard bei drei Prozent Beitrag lag, wählte nur ungefähr jeder Dritte einen Anteil von sechs Prozent oder mehr. Diese Ergebnisse demonstrieren, dass die Ausgestaltung der Entscheidungssituation – hier die Wahl zwischen einem höheren laufenden Einkommen oder einer höheren Altersvorsorge – einen sehr starken Einfluss auf das Entscheidungsverhalten von Menschen haben kann.

Richard Thaler von der Universität Chicago und Shlomo Benartzi von der Universität Kalifornien in Los Angeles entwickelten einen originellen Plan, wie man Arbeitnehmer mit zeitinkonsistenten Entscheidungen dazu veranlassen kann, mehr für die Altersvorsorge zu sparen. Zeitinkonsistenz bedeutet ja, dass jemand sehr stark gegenwartsorientiert ist, wenn eine Entscheidung sofortige Konsequenzen hat, jedoch eher geduldig handeln kann, wenn alle Konsequenzen erst in der Zukunft liegen. Personen mit zeitinkonsistenten Entscheidungen wollen unter Umständen gar nichts oder nur sehr wenig für ihre Altersvorsorge beitragen, weil sie damit sofort auf laufendes Einkommen verzichten müssten. Wie kann man vor allem diese Gruppe von Personen für freiwillige Beiträge zur Altersvorsorge gewinnen?

Thaler und Benartzi kooperierten für ihre Studie mit drei Firmen in den USA, einer Elektronikfirma, einem Stahlunternehmen und einem verarbeitenden Betrieb. Die Arbeitnehmer in den jeweiligen Betrieben leisteten vor Beginn der Studie nur in sehr geringem Umfang freiwillige Beiträge für ihre Altersvorsorge. Deshalb wurde allen Arbeitnehmern von der Unternehmensführung ein Vorschlag unterbreitet, drei Prozent des Lohns für die private Altersvorsorge einzuzahlen und diesen Anteil dann in jedem Folgejahr um drei Prozentpunkte zu erhöhen, also im zweiten Jahr auf sechs Prozent, im dritten auf neun Prozent, im vierten auf zwölf Prozent und im fünften auf 15 Prozent. Nach fünf Jahren war keine weitere Steigerung mehr vorgesehen, weil die steuerliche Vergünstigung, die durch private Pensionsbeiträge genutzt werden konnte, bei 15 Prozent gedeckelt war. Obwohl der Plan für die ersten fünf Jahre regelmäßige Steigerungen der Beiträge vorsah, konnte jeder Arbeitnehmer jederzeit ganz aus dem Programm aussteigen oder seine Beiträge in einer von ihm gewünschten Höhe leisten, unabhängig von den Steigerungsraten.

Thaler und Benartzi erwarteten, dass ein solcher Plan für Arbeitnehmer attraktiv sein müsste, weil er mit relativ kleinen Beiträgen beginnt, die dann automatisch gesteigert werden. Gleichzeitig war der Plan sehr flexibel, weil die Arbeitnehmer jederzeit sehr einfach (etwa durch einen Telefonanruf bei der Personalabteilung) ihre Teilnahme an diesem Plan widerrufen oder den Beitrag ändern konnten. Als Alternative zur Teilnahme an diesem Plan wurde allen Mitarbeitern ein kostenloses Beratungsgespräch mit einem Finanzberater angeboten, der ihnen einen individuell maßgeschneiderten Vorschlag für die Beitragshöhe machen würde, um eine gewünschte finanzielle Absicherung in der Pension erreichen zu können.

Im ersten Unternehmen, in dem der Sparplan angeboten und über den vollen Zeitraum von fünf Jahren umgesetzt wurde, wählten ungefähr 80 Prozent der Arbeitnehmer den automatisch ansteigenden Sparplan anstelle der individuellen Finanzberatung. Während der fünf Jahre stellte nur jeder Fünfte seine Beiträge in dem Sparplan komplett ein, alle anderen leisteten Beiträge, wenn auch die jährlich gewünschte Steigerung manchmal auf ein oder zwei Prozentpunkte reduziert wurde, anstatt bei den automatischen drei Prozentpunkten zu bleiben. Im Durchschnitt stieg der Anteil der freiwilligen Altersvorsorge von etwa drei Prozent im ersten Jahr auf fast 14 Prozent im fünften Jahr, was nur knapp unterhalb des Maximalwertes von 15 Prozent lag. Jene Arbeitnehmer, die am Sparplan nicht teilnehmen wollten, leisteten im fünften Jahr lediglich Beiträge von ungefähr acht Prozent, was deutlich weniger als bei den Arbeitnehmern mit dem Sparplan war. Dieser Plan mit seinen automatisch ansteigenden Beiträgen trug demnach dazu bei, dass Arbeitnehmer freiwillig höhere Beiträge für ihre Altersvorsorge leisteten, als dies eine andere Gruppe von Arbeitnehmern im selben Unternehmen tat. Dieselben Ergebnisse wurden qualitativ auch bei den beiden anderen Unternehmen gefunden. Auch dort trug der Plan zu einer Erhöhung der freiwilligen Pensionsbeiträge bei. Offenbar war der Plan für sehr viele Arbeitnehmer attraktiv, weil er mit relativ kleinen Beiträgen startete, dann aber eine (widerrufbare) Selbstverpflichtung auf höhere Beiträge in der Zukunft beinhaltete. Diese Selbstverpflichtung verhalf vielen Arbeitnehmern zu einer finanziell besseren Altersvorsorge, als sie ohne den Plan von Thaler und Benartzi gehabt hätten.

Sich gute Gewohnheiten aneignen – warten können und sich körperlich ertüchtigen

Als Wirtschaftswissenschaftler ist man gewohnt anzunehmen, dass menschliches Verhalten auf äußere Anreize reagiert. Warum sollte das nicht auch für Geduld und zukunftsorientierte Handlungen gelten? Da Geduld so wichtig für den gesamten Lebensweg ist, untersuchte ich gemeinsam mit Kollegen von der Universität Innsbruck, wie Kindergartenkinder im Alter von drei bis sechs Jahren dazu gebracht werden können, geduldiger zu werden. Dazu trafen wir 200 Kinder in ihren Kindergärten. Am ersten Tag unseres Besuchs erklärten wir den Kindern, dass wir am nächsten Tag wiederkommen würden und dass die Kinder dann entscheiden müssten, ob sie eine kleine Belohnung sofort haben oder noch einen Tag zuwarten wollten, um dann zwei Belohnungen zu bekommen. Die Belohnungen waren kleine Süßigkeiten, Bleistifte, Luftballons, Gummiarmreifen oder Obst. Jedes Kind konnte sich jene Belohnung aussuchen, die ihm am besten gefiel. Für den zweiten Tag wurden dann die 200 Kinder in zwei Gruppen von je 100 Kindern geteilt. Der ersten Gruppe teilten wir mit, dass sie sich vor der Entscheidung zwischen einer Belohnung sofort oder zwei Belohnungen am nächsten Tag auf jeden Fall schon einmal eine Belohnung aus unserem „Einkaufsladen" (mit den verschiedenen Belohnungen) nehmen dürften, unabhängig von der folgenden Entscheidung. Dann trafen diese Kinder ihre Entscheidung. Der zweiten Gruppe hingegen sagten wir, dass sie jetzt schon eine Belohnung aus unserem „Einkaufsladen" aussuchen könnten, weil sie so brav gewartet hätten, bis sie die Entscheidung zwischen einer Belohnung sofort und zwei Belohnungen am nächsten Tag treffen könnten. Bei der zweiten Gruppe betonten wir also, dass das brave Warten die Ursache für die zusätzliche Belohnung sei.

Unsere Hypothese bestand darin, dass die Kinder aus der zweiten Gruppe in ihrer Entscheidung häufiger die zwei Belohnungen am nächsten Tag wählen würden, weil sie erfahren hatten, dass Warten belohnt wird. Tatsächlich fanden wir ein solches Ergebnis für die Gruppe der drei- bis vierjährigen Kinder, nicht aber für die fünf- bis sechsjährigen Kinder. Bei den drei- bis vierjährigen Kindern war die Wahrscheinlichkeit, die zwei Belohnungen am nächsten Tag zu wählen, in der Gruppe, bei der das Warten bis zur Entscheidung belohnt wurde, um ungefähr zehn Prozentpunkte höher. Bei den fünf- bis sechsjährigen Kindern ist der Unterschied nicht mehr statistisch bedeutsam. Obwohl sicherlich noch mehr Forschung notwendig ist, um die Bedeutung von Belohnungen für das Ausmaß an Geduld bei Kindern besser identifizieren zu können, lassen unsere Ergebnisse die Interpretation zu, dass vor allem junge Kinder im Alter von drei bis vier Jahren noch relativ stark auf die Bestärkung geduldigen Wartens reagieren und dann häufiger zukunftsorientierte Entscheidungen treffen.

Die Belohnung des Wartens sollte in unserer Studie ein Signal geben, dass es gut ist, langfristig orientierte Entscheidungen zu treffen. Damit sollte nach Möglichkeit eine Gewohnheit geschaffen werden, dass ein Kind solche Entscheidungen häufiger trifft. Mit unserer einmaligen Intervention lässt sich jedoch noch keine Gewohnheit schaffen, weshalb wir in den kommenden Jahren an diesem Punkt weiterforschen wollen. Eine Studie von Gary Charness von der Universität Kalifornien in Santa Barbara und Uri Gneezy von der Universität Chicago hingegen zeigt, dass monetäre Anreize helfen können, eine gute Gewohnheit anzunehmen, wenn es um körperliche Ertüchtigung geht.

Charness und Gneezy luden 168 Studierende der Universität Kalifornien in San Diego zur Teilnahme an einer Untersuchung ein, in der gesundheitsrelevante Maße wie der Anteil an Körperfett, der Body Mass

Index (BMI), das Gewicht, der Puls und der Blutdruck gemessen werden sollten. Jeder Teilnehmer musste zu drei Messungen erscheinen. Für die erste erhielt man 75 Dollar als Aufwandsentschädigung, für die beiden weiteren jeweils 50 Dollar. Zwischen der ersten und zweiten Messung lag ein Monat, zwischen der zweiten und dritten waren es fünf Monate. Bei der ersten Untersuchung wurde den Teilnehmern auch eine Informationsbroschüre über die gesundheitlichen Vorteile regelmäßiger körperlicher Ertüchtigung überreicht. Die 168 Teilnehmer wurden zufällig in drei Untersuchungsgruppen eingeteilt. Gruppe eins, die sogenannte Kontrollgruppe, musste einfach zu den drei Messterminen erscheinen und hatte keine sonstigen Verpflichtungen. Gruppe zwei wurde beauftragt, zwischen der ersten und zweiten Messung mindestens einmal das universitätseigene Fitnesszentrum zu besuchen. Gruppe drei sollte achtmal zwischen dem ersten und dem zweiten Termin das Fitnesszentrum besuchen. Alle Studierenden der Universität bekommen mit ihrer Studienzulassung und den damit bezahlten Studiengebühren freien Eintritt in das universitätseigene Fitnesszentrum, weshalb den Studienteilnehmern durch den Besuch des Fitnesszentrums keine zusätzlichen Kosten entstanden. Um die Anforderungen an die zweite und dritte Gruppe überprüfen zu können, baten Charness und Gneezy alle Teilnehmer um Erlaubnis, vom Fitnesszentrum Daten über die Besuchshäufigkeit eines Teilnehmers erheben zu dürfen. Der Zutritt war nämlich nur mit dem Studentenausweis möglich und wurde elektronisch registriert. Durch die Erlaubnis der Teilnehmer konnten Charness und Gneezy die Häufigkeit der körperlichen Ertüchtigung der Teilnehmer sowohl mehrere Monate vor dem Start der Studie als auch mehrere Monate nach deren Ende einsehen. Obwohl die Auszahlung der 50 Dollar beim zweiten Termin nicht explizit an den (einmaligen oder achtmaligen) Besuch des Fitnesszentrums geknüpft war, besuchten 52 von 56 Teilnehmern in Gruppe zwei das Zentrum einmal (wie aufgefordert) und 55 von 60 Teilnehmern in Gruppe drei das Zentrum achtmal (wie gewünscht).

Die Teilnehmer in Gruppe eins und Gruppe zwei besuchten in den zwölf Wochen vor Studienbeginn das Fitnesszentrum im Schnitt ungefähr 0,7 Mal pro Woche. In den 13 Wochen nach der Intervention (also nach dem dritten Messtermin) waren es im Schnitt knapp unter 1,0 Besuche pro Woche, also um etwa 40 Prozent mehr. Möglicherweise ist dieser Anstieg auf die Informationsbroschüre und auf ein verstärktes Bewusstsein für die Bedeutung körperlicher Ertüchtigung zurückzuführen, weil die Teilnehmer ja dreimal mehrere wichtige biometrische Maße messen lassen mussten. Gruppe drei hingegen – die zwischen dem ersten und zweiten Messtermin das Fitnesszentrum achtmal besuchen musste – erhöhte ihre durchschnittliche Besuchshäufigkeit von 0,5 Besuchen pro Woche in den zwölf Wochen vor dem ersten Termin auf 1,8 Besuche pro Woche in den 13 Wochen nach dem dritten Termin. Das ist fast eine Vervierfachung. Gruppe drei war auch die einzige, bei der sich die Gesundheitswerte deutlich verbesserten. Im Gegensatz zu den beiden anderen Gruppen nahmen in Gruppe drei der BMI, das Gewicht, der Anteil an Körperfett und der Hüftumfang von der ersten bis zur dritten Messung deutlich ab. Bemerkenswerterweise gab es zwischen Gruppe eins und Gruppe zwei keine Unterschiede. Die Aufforderung, einmal innerhalb eines Monats in das Fitnesszentrum zu gehen, hatte offenbar keine Auswirkungen; sehr wohl allerdings die Bedingung für Gruppe drei, die achtmal ins Fitnesszentrum musste. Charness und Gneezy interpretierten das als Folge davon, dass der achtmalige Besuch ausreichend war, um bei den Teilnehmern eine positive Gewohnheit herauszubilden. Deren Häufigkeit des Besuchs, selbst nach Beendigung der Studie mit dem dritten Messtermin, war ja deutlich höher als bei den beiden anderen Gruppen.

Wenn das Herausbilden einer positiven Gewohnheit die entscheidende Erklärung für die starke Wirkung in Gruppe drei sein sollte, dann müsste man erwarten, dass es einen Unterschied ausmacht, ob ein Teilnehmer in Gruppe drei vor dem Studienbeginn schon regelmäßig ins Fitnesszentrum ging oder nicht. Für regelmäßige Besucher sollte die Studienintervention keine Auswirkung haben, während das Herausbilden der Gewohnheit bei Teilnehmern mit wenig Besuchen vor Studienbeginn besonders stark zu beobachten sein sollte. Genau das fanden Charness und Gneezy in ihren Daten. Dazu unterteilten sie die Teilnehmer in Gruppe drei nach der Anzahl der wöchentlichen Besuche vor dem Beginn der Studie. Wer einmal oder öfter ging, wurde als regelmäßiger Nutzer bezeichnet, wer weniger als einmal pro Woche im Schnitt der zwölf Wochen vor Studienbeginn ging, wurde als unregelmäßiger Nutzer eingestuft. Bei den regelmäßigen Nutzern blieb die durchschnittliche Besuchshäufigkeit von ungefähr 1,9 Besuchen vor Studienbeginn auch nach Studienende konstant. Bei den unregelmäßigen Nutzern gab es aber einen starken Anstieg von 0,2 Besuchen pro Woche vor Studienbeginn auf 1,4 wöchentliche Besuche nach Studienende. Die unregelmäßigen Nutzer machten folglich den großen Unterschied aus. Wenn man also durch monetäre Anreize (die mit mehreren verpflichtenden Besuchen im Fitnesszentrum verbunden sind) die Häufigkeit körperlicher Ertüchtigung erhöhen will, dann sollte man die unregelmäßigen Nutzer ansprechen, weil die am stärksten auf diese Anreize reagieren und weil bei ihnen der mögliche Ertrag für einen verbesserten Gesundheitszustand auch am höchsten ist. Dieser Ratschlag ist von allgemeinerer Bedeutung, weil Gesundheitspolitik viel zielgruppenspezifischer ausgestaltet sein sollte.

Interventionsstudien zum Studier- und Sparverhalten und zum Alkoholkonsum

Ähnlich wie sich das Ausmaß körperlicher Ertüchtigung durch einen Anreiz zu oftmaliger Übung erhöhen lässt, zeigen Interventionsstudien auch, dass das Studier- und Sparverhalten positiv beeinflusst werden kann. Sowohl Studieren als auch Sparen verlangen kurzfristige Einschränkungen – von Freizeit beziehungsweise Konsummöglichkeiten –, um langfristige Vorteile erzielen zu können – etwa eine höhere Ausbildung mit besseren Berufschancen oder eine bessere finanzielle Absicherung.

Megan Oaten und Ken Cheng von der Macquarie-Universität in Australien untersuchten die Auswirkungen von Interventionen auf das Studier- und Sparverhalten. In einer Untersuchung mit 45 Studierenden ihrer Universität entwarfen Oaten und Cheng ein Studienbegleitprogramm, in das 28 zufällig ausgewählte Studenten aufgenommen wurden. Die Dauer des Programms betrug acht Wochen, während derer die Studenten Buch über ihr Studierverhalten führen mussten und eine individuelle Beratung über die optimale Vorbereitung auf die Semesterschlussprüfungen erhielten. In dieser wurde mit jedem Studenten ein Arbeitsprogramm mit entsprechenden Fristen zur Erledigung bestimmter Aufgaben erstellt. Eine Kontrollgruppe von 17 weiteren Studenten hatte kein Studienbegleitprogramm, wurde aber wie die anderen 28 Studenten zu Beginn und am Ende der Acht-Wochen-Periode in einem längeren Fragebogen zu ihren Lebens- und Studiergewohnheiten befragt.

Nicht sehr überraschend unterschieden sich die beiden Gruppen in der Intensität ihrer Prüfungsvorbereitungen. Die 28 Studenten mit dem Studienbegleitprogramm studierten über zehn Stunden mehr pro Woche als die Kontrollgruppe. Weniger erwartet waren jedoch „Nebenwirkungen" des Studienbegleitprogramms auf andere Lebensbereiche. Beispielsweise ernährten sich die 28 Studenten gesünder, rauchten weniger, tranken weniger Alkohol und trieben häufiger Sport. Eine mögliche Erklärung für diese „Nebenwirkungen" besteht darin, dass das Ende der Studie in die Prüfungszeit fiel. Wer aufgrund des Studienprogramms besser vorbereitet war, hatte unter Umständen eher Zeit für körperliche Ertüchtigung oder dafür, für sich selbst gesund zu kochen, anstatt in ein Fastfood-Restaurant essen zu gehen. Trotz dieser möglichen einfachen Erklärung sind die Ergebnisse von Oaten und Cheng aufschlussreich über die Wirkung von begleitenden Programmen zur Unterstützung guter Studienleistungen.

Einen ähnlichen Effekt fanden Oaten und Cheng in einer Untersuchung, bei der 29 Studenten der Macquarie-Universität in ein Finanzkontrollprogramm aufgenommen wurden, während 20 vergleichbare Studenten als Kontrollgruppe ohne solches Programm dienten. Die 29 Studenten mit dem Programm mussten ein genaues Tagebuch über Einnahmen und Ausgaben führen. Das Programm dauerte vier

Monate und einmal im Monat wurden die 29 Studenten mit dem Programm und die 20 Studenten in der Kontrollgruppe über ihre Lebensumstände befragt. Im Rahmen dieser Befragung wurde auch ein Test der kognitiven Kontrollfähigkeiten gemacht, bei dem die Teilnehmer auf einem Bildschirm sich bewegende Objekte verfolgen und nach einigen Sekunden von anderen Objekten unterscheiden mussten. Im Laufe der vier Monate zeigten sich zunehmende Unterschiede zwischen den beiden Gruppen. Die 29 Personen mit dem Finanzkontrollprogramm hatten steigende Ersparnisse (aufgrund sinkender Ausgaben bei gleich bleibenden Einnahmen) und verbesserten sich im Test der kognitiven Kontrollfähigkeiten. Oaten und Cheng argumentierten, dass beides zusammenhängt, die verbesserte kognitive Kontrolle und die steigenden Ersparnisse. Daraus würde folgen, dass ein Training von kognitiver Kontrolle für zukunftsorientierte Entscheidungen sehr wichtig ist, um Selbstkontrolle und Geduld ausüben zu können.

Ein letztes Beispiel von Katrijn Houben und Kollegen aus Maastricht und Amsterdam belegt diesen Zusammenhang mittels einer Studie mit 48 Alkoholikern. Chronische Trinker haben häufig eine sehr geringe Impulskontrolle, weil kognitive Fähigkeiten schwach ausgeprägt sind. Letztere kann man aber trainieren. Dazu wählten Houben und Kollegen zufällig 20 aus den 48 Personen aus und ließen sie ungefähr einen Monat lang jeden Tag ihre kognitiven Fähigkeiten mit drei Aufgaben trainieren. In der ersten Aufgabe waren auf einem Bildschirm mehrere gleich große Quadrate abgebildet, von denen einige nacheinander die Farbe wechselten. Die Aufgabe bestand darin, jene Quadrate in der richtigen Reihenfolge anzuklicken, die ihre Farbe geändert hatten. Bei der zweiten Aufgabe wurde auf dem Bildschirm für kurze Zeit eine Zahl eingeblendet und dann musste der Teilnehmer die Ziffern dieser Zahl rückwärts eingeben. In der dritten Aufgabe wurden auf dem Bildschirm für kurze Zeit Buchstaben in einem Kreis dargestellt. Dann verschwanden die Buchstaben und auf dem Bildschirm erschien an der Stelle eines Buchstabens ein Kreuz, worauf der Teilnehmer den korrekten Buchstaben einzugeben hatte, der an der Stelle des Kreuzes gestanden hatte.

Das Training der kognitiven Fähigkeiten lief folgendermaßen ab: Zu Beginn einer Trainingssession wurden immer drei Quadrate in Aufgabe eins, drei Ziffern in Aufgabe zwei und drei Buchstaben in Aufgabe drei verwendet. Sobald ein Teilnehmer bei einer Aufgabe zweimal hintereinander die korrekte Antwort eingegeben hatte, wurde ein Gegenstand (ein Quadrat, eine Ziffer oder ein Buchstabe) hinzugefügt. Sooft bei einer Aufgabe zweimal hintereinander eine korrekte Antwort gegeben wurde, wurde ein weiterer Gegenstand hinzugegeben. Wenn bei einer bestimmten Anzahl von Gegenständen ein Teilnehmer zweimal hintereinander einen Fehler machte, dann wurde ein Gegenstand weggenommen. Im Laufe des Monats steigerten die 20 Teilnehmer ihre durchschnittliche Leistung von etwa sechs auf etwa neun Gegenstände pro Aufgabe. Das Training zeigte also die erwartete positive Wirkung. Die verbleibenden anderen 28 Teilnehmer mussten ebenfalls jeden Tag diese kognitiven Kontrollaufgaben lösen, allerdings ohne Training. Das hieß konkret, dass diese 28 Teilnehmer immer nur mit drei Gegenständen übten, wodurch kein Trainingseffekt erzielbar ist, weil eine Leistungssteigerung ausgeschlossen ist.

Houben und Kollegen vermuteten nun, dass die Gruppe mit dem Training aufgrund der verbesserten kognitiven Kontrollleistungen auch mehr Kontrolle über ihr Trinkverhalten bekommen sollte, was mittel- und langfristig sehr positive Wirkungen nach sich ziehen könnte. Tatsächlich fanden die Autoren den erwarteten Zusammenhang. Die Trainingsgruppe reduzierte im Verlauf der Intervention, die etwa einen Monat dauerte, ihre Anzahl an alkoholischen Drinks um ungefähr 30 Prozent, während sich bei der Kontrollgruppe ohne Training überhaupt keine Veränderung zeigte. Das Training und die Steigerung der kognitiven Kontrollfähigkeiten führten also zu einer Verringerung des Alkoholkonsums. Besonders wichtig war die Einsicht, dass diese Verringerung mit dem Ende der Intervention, also dem Ende des täglichen Trainings, nicht wieder rückgängig gemacht wurde, sondern zumindest einen Monat nach Interventionsende noch Bestand hatte.

Angesichts dieser Resultate lässt sich spekulieren, ob das Training von kognitiven Kontrollfähigkeiten auch andere wichtige Entscheidungen zwischen der Gegenwart und der Zukunft – wie etwa Konsum versus Sparen oder frühes eigenes Einkommen gegen längere Ausbildung ohne eigenes Einkommen – positiv beeinflussen könnte. Damit verbunden ist die Frage, in welchem Alter Interventionen zur Verbesserung kognitiver Kontrollfähigkeiten die besten (das heißt langfristige) Wirkungen zeigen. Wissenschaftler in mehreren Disziplinen suchen Antworten auf diese Fragen und werden mit Sicherheit in den kommenden Jahren weitere Einsichten gewinnen, wie man Geduld und Selbstkontrolle übt und wie man damit bessere zukunftsorientierte Entscheidungen trifft.

CLARA, ELKE UND DIE NÄCHSTE GENERATION ODER: WAS SIND DIE WICHTIGSTEN ERKENNTNISSE IN DIESEM BUCH?

Es ist wieder Silvester und diesmal hat Clara ihre beste Freundin Elke eingeladen. Zehn Jahre sind vergangen und beide sind mittlerweile 45 Jahre alt. Elke hat vor einigen Jahren die Matura an der Abendschule nachgeholt, wie sie es sich zu Silvester vor zehn Jahren vorgenommen hatte. Vor sechs Jahren hat sie eine Tochter zur Welt gebracht, die jetzt die erste Klasse besucht und zufälligerweise dieselbe Klassenlehrerin hat, die auch schon Clara und Elke unterrichtet hatte. Elke berichtet Clara, dass die Klassenlehrerin in der letzten Stunde vor den Weihnachtsferien den Kindern – so wie vor fast 40 Jahren – ein geöffnetes und ein ungeöffnetes Päckchen mit Gummibären auf ihren Platz gelegt und dann gesagt hat, dass jeder auch das ungeöffnete Päckchen mit nach Hause nehmen darf, wenn er in den 15 Minuten bis zum Schulschluss aus dem geöffneten Päckchen nichts isst. „Und stell dir vor", sagt Elke freudig zu Clara, „meine Tochter kam mit beiden Päckchen nach Hause, dem geöffneten und dem ungeöffneten. Ich glaube, sie ist einfach geduldiger als ich …" Clara freut sich für Elke und ihre Tochter, weiß sie doch, wie wichtig Geduld für den weiteren Lebensweg ist. Mit Geduld wird es Elkes Tochter leichter fallen, eine gute Ausbildung abzuschließen und dadurch einen attraktiven Beruf zu finden. Das wird ihr dann finanzielle Sorgen ersparen. Selbstkontrolle wird ihr auch helfen, sich gesund zu ernähren und durch ausreichend Bewegung in guter körperlicher Verfassung zu sein. Clara meint sich zu erinnern, dass sie sogar gelesen hat, dass geduldigere Menschen eine höhere Lebenserwartung haben. Was für Aussichten also!

Diese Szene zwischen Clara und Elke fasst zum Abschluss des Buches in knappen Worten zusammen, was die wichtigsten Erkenntnisse aus den vorangegangenen Kapiteln sind. Geduld zahlt sich aus, nicht nur beim Warten auf Gummibären-Päckchen, sondern auch bei so wichtigen Aspekten wie der Ausbildung, den beruflichen Aufstiegschancen oder der eigenen Gesundheit. Die wohl wichtigste Einsicht des Buches besteht darin, dass das Ausmaß an Geduld und Selbstkontrolle in der Kindheit eine bemerkenswerte Vorhersagekraft für den weiteren Lebensweg hat. Verschiedene Längsschnittstudien haben Zusammenhänge zwischen Geduld in der Kindheit und späterem Lebenserfolg als Erwachsener aufgezeigt. Demnach treffen auf Kinder, die im Alter von vier oder fünf Jahren geduldig auf eine zweite Belohnung warten können, anstatt nur eine Belohnung sofort zu nehmen, im Erwachsenenalter im Durchschnitt folgende Aussagen zu:

- Sie sind besser ausgebildet aufgrund besserer Noten in der Schule und einem längeren Durchhaltevermögen in langjährigen Ausbildungsprogrammen.
- Sie haben bessere Berufschancen und damit ein höheres Einkommen, was sie seltener in finanzielle Schwierigkeiten bringt.
- Sie bekommen seltener ungewollt Kinder und sind im Erwachsenenalter weniger häufig Alleinerzieher.
- Sie kommen mit geringerer Wahrscheinlichkeit mit dem Gesetz in Konflikt.
- Sie leiden seltener unter Suchtverhalten, wie Spielsucht, Alkoholismus oder Drogenabhängigkeit.
- Sie haben allgemein einen besseren Gesundheitszustand.

Ich möchte betonen, dass diese Aussagen nicht notwendigerweise in jedem einzelnen Fall zutreffen, sondern dass es sich hier um Aussagen handelt, ob etwas im Erwachsenenalter mehr oder weniger wahrscheinlich zutrifft, wenn ein Mensch als Kind geduldig war. Selbstverständlich sind neben der Geduld noch andere Faktoren, wie die Intelligenz oder der familiäre Hintergrund, für den Lebensweg eines Menschen sehr bedeutsam. Jedoch spielt Geduld eine erstaunlich große Rolle, und sie kann Intelligenz oder günstige familiäre Rahmenbedingungen teilweise ersetzen. Ausdauer führt also häufig zum Ziel. Oder wie ein persisches Sprichwort sagt: „Geduld ist ein Baum mit bitteren Wurzeln, der süße Früchte trägt.“ Warten zu können und ausdauernd ein größeres Ziel (etwa eine größere Belohnung) in der Zukunft anzustreben, bedeutet zuallererst (bitteren) Verzicht auf die schnelle Befriedigung mit einer kleineren Belohnung. Nur daraus kann allerdings der langfristige (süße) Erfolg erwachsen.

Es scheint auch so zu sein, dass die frühkindlichen Rahmenbedingungen (wie etwa beim Stillen) einen Einfluss auf die Geduld von Kindern haben können, ebenso die Sprache oder die Verlässlichkeit von Bezugspersonen. Da diese Faktoren für Kinder nicht beeinflussbar sind, interessiert sich die Forschung zunehmend dafür, welche Interventionen Menschen Entscheidungen mit positiven Langzeitwirkungen treffen lassen. Anreize können dabei eine Rolle spielen, etwa um positive Gewohnheiten herauszubilden, wie im Fall der körperlichen Ertüchtigung im Fitnesszentrum. Regeln für die Altersvorsorge können zukunftsorientiertes Ansparen fördern, etwa wenn Arbeitnehmer als Standardfall einen privaten Beitrag zur Altersvorsorge leisten, anstatt dass Arbeitnehmer sich aktiv um die Abgabe eines solchen Beitrags kümmern müssen. Das Training kognitiver Kontrollfähigkeiten unterstützt ebenfalls Selbstkontrolle und Geduld bei Entscheidungen. In Anbetracht der langfristigen positiven Auswirkungen von Geduld wäre für die Zukunft zu überlegen, mit welchen Interventionen in unserem Erziehungs- und Ausbildungssystem Geduld und Ausdauer gefördert werden könnten. Eine solche Investition würde sich mit Sicherheit auszahlen.

VERZEICHNIS

der wichtigsten erwähnten Studien

Die Quellen sind alphabetisch nach dem Familiennamen des Erstautors geordnet. In eckigen Klammern stehen hinter jeder Quelle die Kapitelnummern, für die eine Quelle besonders relevant ist.

Konstanze Albrecht, Kirsten Volz, Matthias Sutter, David Laibson und Yves von Cramon (2011), What is for me is not for you: Brain correlates of intertemporal choice for self and other. SCAN – Social Cognitive and Affective Neuroscience, Vol. 6, S. 218–225. [10]

Björn Bartling, Ernst Fehr, Barbara Fischer, Fabian Kosse, Michel Maréchal, Friedhelm Pfeiffer, Daniel Schunk, Jürgen Schupp, C. Katharina Spieß und Gert G. Wagner (2009), Determinanten kindlicher Geduld – Ergebnisse einer Experimentalstudie im Haushaltskontext. In: Schmollers Jahrbuch, Vol. 130, S. 297–323. [7, 8]

John Beshears, James J. Choi, David Laibson und Brigitte C. Madrian (2008), The importance of default for retirement saving outcomes: Evidence from the United States. In: Stephen J. Kay und Tapen Sinha (Hrsg.), Lessons from Pension Reform in the Americas. Oxford University Press, S. 59–87. [11]

Stephen Burks, Jeffrey Carpenter, Lorenz Goette und Aldo Rustichini (2009), Cognitive skills affect economic preferences, strategic behavior, and job attachment. In: Proceedings of the National Academy of Sciences, Vol. 106, S. 7745–7750. [5]

Christopher F. Chabris, David Laibson, Carrie L. Morris, Jonathan P. Schuldt und Dmitry Taubinsky (2008), Individual laboratory-measured discount rates predict field behavior. In: Journal of Risk and Uncertainty, Vol. 37, S. 237–269. [3]

Gary Charness und Uri Gneezy (2009), Incentives to exercise. In: Econometrica, Vol. 77, S. 909–931. [11]

M. Keith Chen (2013), The effect of language on economic behavior: Evidence from savings rates, health behaviors, and retirement assets. In: American Economic Review, Vol. 103, S. 690–731. [9]

Stefano Della Vigna und Daniela Paserman (2005), Job search and impatience. In: Journal of Labor Economics, Vol. 23, S. 527–588. [5]

Thomas Dohmen, Armin Falk, David Huffman und Uwe Sunde (2010), Are risk aversion and impatience related to cognitive ability? In: American Economic Review, Vol. 100, S. 1238–1260. [8]

Inge-Marie Eigsti, Vivian Zayas, Walter Mischel, Yuichi Shoda, Ozlem Ayduk, Mamta B. Dadlani, Matthew C. Davidson, J. Lawrence Aber und B. J. Casey (2006), Predicting cognitive control from preschool to late adolescence and young adulthood. In: Psychological Science, Vol. 17, S. 478–484. [8]

Matt Field, Mary Santarcangelo, Harry Sumnall, Andrew Goudie und Jon Cole (2006), Delay discounting and the behavioural economics of cigarette purchases in smokers: the effects of nicotine deprivation. In: Psychopharmacology, Vol. 186, S. 255–263. [3]

Bernd Figner, Daria Knoch, Eric J. Johnson, Amy R. Krosch, Sarah H. Lisanby, Ernst Fehr und Elke U. Weber (2010), Lateral prefrontal cortex and self-control in intertemporal choice. In: Nature Neuroscience, Vol. 13, S. 538–539. [10]

Bart H. H. Golsteyn, Hans Grönqvist und Lena Lindahl (2013), Adolescent time preferences predict lifetime outcomes. In: Economic Journal, im Druck. [6, 7, 8]

Todd A. Hare, Colin F. Camerer und Antonio Rangel (2009), Self-control in decision-making involves modulation of the vmPFC valuation system. In: Science, Vol. 324, S. 646–648. [10]

Katrijn Houben, Reinout W. Wiers und Anita Jansen (2011), Getting a grip on drinking behavior: Training working memory to reduce alcohol abuse. In: Psychological Science, Vol. 22, S. 968–975. [11]

Celeste Kidd, Holly Palmeri und Richard N. Aslin (2013), Rational snacking: Young children's decision-making on the marshmallow task is moderated by beliefs about environmental reliability. In: Cognition, Vol. 126, S. 109–114. [8]

Samuel M. McClure, Keith M. Ericson, David I. Laibson, George Loewenstein und Jonathan D. Cohen (2007), Time discounting for primary rewards. In: The Journal of Neuroscience, Vol. 27, S. 5796–5804. [4]

Samuel M. McClure, David I. Laibson, George Loewenstein und Jonathan D. Cohen (2004), Separate neural systems value immediate and delayed monetary rewards. In: Science, Vol. 306, S. 503–507. [10]

Stephan Meier und Charles Sprenger (2010), Present-biased preferences and credit card borrowing. In: American Economic Journal: Applied Economics, Vol. 2, S. 193–210. [5]

Stephan Meier und Charles Sprenger (2012), Time discounting predicts creditworthiness. In: Psychological Science, Vol. 23, S. 56–58. [5]

Stephan Meier und Charles Sprenger (2013), Discounting financial literacy: Time preferences and participation in financial education programs. In: Journal of Economic Behavior and Organization, Vol. 95, S. 159–174. [5]

Walter Mischel, Yuichi Shoda und Monica L. Rodriguez (1989), Delay of gratification in children. In: Science, Vol. 244, S. 933–938. [1, 6]

Terrie E. Moffitt, Louise Arseneault, Daniel Belsky, Nigel Dickson, Robert J. Hancox, HonaLee Harrington, Renate Houts, Richie Poulton, Brent W. Roberts, Stephen Ross, Malcolm R. Sears, W. Murray Thomson und Avshalom Caspi (2011), A gradient of childhood self-control predicts health, wealth, and public safety. In: Proceedings of the National Academy of Sciences, Vol. 108, S. 2693–2698. [6, 8]

Megan Oaten und Ken Cheng (2006), Improved self-control: The benefits of a regular program of academic study. In: Basic and Applied Social Psychology, Vol. 28, S. 1–16. [11]

Megan Oaten und Ken Cheng (2007), Improvements in self-control from financial monitoring. In: Journal of Economic Psychology, Vol. 28, S. 487–501. [11]

Yu Ohmura, Taiki Takahashi und Nozomi Kitamura (2005), Discounting delayed and probabilistic monetary gains and losses by smokers of cigarettes. In: Psychopharmacology, Vol. 182, S. 505–518. [3]

Nancy M. Petry und Thomas Casarella (1999), Excessive discounting of delayed rewards in substance abusers with gambling problems. In: Drug and Alcohol Dependence, Vol. 56, S. 25–32. [3]

Matthias Sutter, Silvia Angerer, Daniela Glätzle-Rützler und Philipp Lergetporer (2013), The effects of language on children's intertemporal choices. Universität Innsbruck, Arbeitspapier. [2, 9]

Matthias Sutter, Silvia Angerer, Daniela Glätzle-Rützler und Manuela Oberauer (2013), Intertemporal preferences of kindergarten kids. Universität Innsbruck, Arbeitspapier. [2]

Matthias Sutter, Martin Kocher, Daniela Glätzle-Rützler und Stefan Trautmann (2013), Impatience and uncertainty: Experimental decisions predict adolescents' field behavior. In: American Economic Review, Vol. 103, S. 510–531. [2, 3, 5]

Richard H. Thaler und Shlomo Benartzi (2004), Save more tomorrow: Using behavioral economics to increase employee saving. In: Journal of Political Economy, Vol. 112, S. S164–S187. [11]

DANKSAGUNG

Wenn Hannes Steiner und Christina Kindl vom Ecowin Verlag nicht auf mich zugekommen wären, hätte ich dieses Buch nicht geschrieben. Sie befanden die Themen, mit denen ich mich in meiner Forschung beschäftige, für so spannend, dass sie einem breiten Publikum zugänglich gemacht werde sollten, und mit etwas Überredung ist es ihnen gelungen, mich für dieses Projekt zu begeistern. Ich hoffe, den beiden – und vielen Leserinnen und Lesern – nun ein unterhaltsames und gleichzeitig informatives Buch vorzulegen, das Joe Rabl sehr gründlich lektoriert hat.

Meine eigenen Studien zum Thema Geduld haben von der Zusammenarbeit mit meinen Koautoren profitiert, namentlich Konstanze Albrecht, Silvia Angerer, Daniela Glätzle-Rützler, Martin Kocher, David Laibson, Philipp Lergetporer, Manuela Oberauer, Stefan Trautmann, Kirsten Volz, Yves von Cramon und Levent Yilmaz. Die Durchführung der Studien wurde ermöglicht durch die hervorragende Kooperation mit den Schulbehörden Nord- und Südtirols und den Kindergärten Hatting, Kramsach, Völs West, Völs Feuerwehr, Dr. Wlasak-, Tannenberg- und Barbara-Kindergarten in Schwaz, den Grundschulen Erckert, Gilm, Schweitzer, Sinich, Tappeiner, Wolkenstein, De Amicis, Giovanni Pascoli, Galileo Galilei, Giovanni XXIII, Leonardo da Vinci und San Nicolò in Meran, den Volksschulen Völs, Hans Sachs in Schwaz und Kettenbrücke in Innsbruck, dem Bundesgymnasium, Bundesrealgymnasium und Sportrealgymnasium Reithmannstraße Innsbruck, dem Bundesrealgymnasium und Bundesoberstufenrealgymnasium Schwaz, dem Bischöflichen Gymnasium Paulinum Schwaz, dem Franziskanergymnasium Hall in Tirol, dem Bundesgymnasium und Bundesrealgymnasium Kufstein und dem Wirtschaftskundlichen Realgymnasium Ursulinen Innsbruck. Namentlich bedanken möchte ich mich bei Gerlinde Christandl, Karin Dürnberger, Hildegard Flöck, Doris Friedel, Brigitte Fröhlich, Maria Frotschnig, Max Gnigler, Adolfine Gschließer, Sigmund Heel, Gottfried Heiss, Michaela Hutz, Christl Kager, Ulrike Künstle, Gabriella Kustatscher, Hermann Lergetporer, Barbara Liussi, Daniela Löffler, Maria Angela Madera, Rudolf

Meraner, Evelin Müller-Bürgel, Eva Dora Oberleiter, Brigitte Öttl, Claudia Pertl, Thomas Plankensteiner, Ursula Pulyer, Gerhard Sailer, Bernhard Schretter, Peter Paul Steinringer, Vally Valbonesi, Reinhold Wöll und Anton Zimmermann. Finanziert wurden diese Studien aus Forschungsmitteln der Oesterreichischen Nationalbank (Jubiläumsfondsprojekte 12588 und 14680) und der Südtiroler Landesregierung (Forschungsprojekt 315/40.3).

Ein Buch für einen Publikumsverlag zu schreiben, erfordert einen ganz anderen Schreibstil, als ich ihn seit vielen Jahren als Wissenschaftler für englischsprachige Fachzeitschriften pflege. Zum Glück hat meine Frau Heidrun, eine Germanistin, Kapitel für Kapitel gründlich gelesen und das Buch mit ihren zahlreichen Verbesserungsvorschlägen enorm verbessert. Dafür danke ich ihr von Herzen!

Innsbruck und Florenz, im Januar 2014